土建工程师必备技能系列丛书

建筑施工细部节点优秀做法（第二版）

赵志刚　卫运桥　主编

中国建筑工业出版社

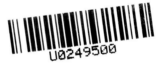

图书在版编目（CIP）数据

建筑施工细部节点优秀做法/赵志刚，卫运桥主编．—2版．—北京：中国建筑工业出版社，2019.1（2022.12重印）
（土建工程师必备技能系列丛书）
ISBN 978-7-112-22927-7

Ⅰ.①建…　Ⅱ.①赵…②卫…　Ⅲ.①建筑施工-施工管理　Ⅳ.①TU71

中国版本图书馆CIP数据核字（2018）第257435号

本书采用图文并茂的方式对建筑施工细部节点进行讲解，共分9章，分别是：土方工程，地基与基础；防水工程；钢筋、模板、混凝土工程；砌体工程、机电预留预埋；屋面工程；装饰装修工程；安全文明工程；绿色施工。

本书选取施工中常用的、重要的节点做法作为案例来讲解，有助于快速培养读者的实践能力，可供广大工程技术人员学习，也可作为大中专学校、高职高专学校相关专业的教学参考用书。

责任编辑：张　磊　万　李　王华月
责任校对：党　蕾

土建工程师必备技能系列丛书
建筑施工细部节点优秀做法（第二版）
赵志刚　卫运桥　主编
*
中国建筑工业出版社出版、发行（北京海淀三里河路9号）
各地新华书店、建筑书店经销
霸州市顺浩图文科技发展有限公司制版
北京建筑工业印刷厂印刷
*
开本：787×1092毫米　1/16　印张：10　字数：245千字
2019年1月第二版　2022年12月第八次印刷
定价：**30.00**元（含增值服务）
ISBN 978-7-112-22927-7
（33019）

本书编委会

主　　编： 赵志刚　卫运桥

副 主 编： 伍昌元　李　楠　赖汉清　袁兴良　王振兴　王凤起

参编人员： 熊　玮　吕　继　张亚狄　曹　勇　蒋贤龙　宋　扬　孙国洋　温丽军　刘春佳　张志江　曹　勇　张亚狄　张先明　王　彬　何吉力　赵冰杰　付金祥　吴上海　邓　毅　罗自君　赵永涛　洪　旺

前　言

土建工程师必备技能系列丛书自出版以来深受广大建筑业从业人员喜爱。本次修订在原版基础上删除了一部分理论知识，增加了一部分与建筑施工发展有关的新内容，书籍更加贴近施工现场，更加符合施工实战。能更好的为高职高专、大中专土木工程类及相关专业学生和土木工程技术与管理人员服务。

此书具有如下特点：

1. 图文并茂，通俗易懂。书籍在编写过程中，以文字介绍为辅，以大量的施工实例图片或施工图纸截图为主，系统地对建筑施工细部节点优秀做法进行详细地介绍和说明，文字内容和施工实例图片及施工图纸截图直观明了、通俗易懂。

2. 紧密结合现行建筑行业规范、标准及图集进行编写，编写重点突出，内容贴近实际施工需要，是施工从业人员不可多得的施工作业手册。

3. 通过对本书地学习和掌握，即可独立进行房建工程细部节点质量控制与验收工作，做到真正的现学现用，体现本书所倡导的培养建筑应用型人才的理念。

4. 本次修订编辑团队更加强大，主编及副主编人员全部为知名企业高层领导，施工实战经验非常丰富，理论知识特别扎实。

本书由华润置地建设事业部赵志刚担任主编，由河北建工集团有限责任公司卫运桥担任第二主编；由杭州通达集团有限公司伍昌元、中建中东有限责任公司李楠、杭州通达集团有限公司赖汉清、北京城建北方集团有限公司袁兴良、北京城建北方集团有限公司王振兴担任副主编。本书编写过程中难免有不妥之处，欢迎广大读者批评指正。

2018 年 11 月

目　录

1　土方工程 ······ 1

1.1　土钉墙 ······ 1

1.1.1　适用范围 ······ 2

1.1.2　材料及设备 ······ 2

1.1.3　操作工艺 ······ 5

1.1.4　质量标准 ······ 11

1.2　排桩 ······ 11

1.2.1　悬臂式排桩支护结构 ······ 12

1.2.2　内撑式排桩支护结构 ······ 12

1.2.3　拉锚式排桩支护结构 ······ 13

1.3　拉锚 ······ 14

1.3.1　适用范围 ······ 15

1.3.2　设计参数 ······ 15

1.3.3　施工工艺 ······ 15

1.3.4　质量标准 ······ 18

1.4　土方工程—机械挖土 ······ 19

1.5　土方工程—人工回填 ······ 22

1.5.1　回填土分层铺摊 ······ 22

1.5.2　管道处回填 ······ 23

1.5.3　土方填筑与压实 ······ 23

2　地基与基础 ······ 25

2.1　基础筏板后浇带留置 ······ 25

2.2　地下室外墙新型止水螺杆 ······ 26

2.3　灌注桩免桩间土开挖施工 ······ 26

2.4　剪力墙后浇带预制盖板封堵 ······ 28

2.5　基础根部卷材防水接头处理 ······ 29

3　防水工程 ······ 31

3.1　防水工程的分类及作用 ······ 31

3.2　防水工程—底板及地下室外墙防水 ······ 31

3.2.1　混凝土防水 ······ 31

3.2.2　底板及地下室外墙卷材防水 ······ 33

3.2.3　地下室外墙水泥基渗透结晶型涂料防水 ······ 33

3.2.4　底板及地下室外墙聚氨酯涂膜防水 ······ 34

3.2.5　底板及防水卷材错槎接缝 ······ 36

3.3 防水工程—特殊部位的细部构造…… 37
3.3.1 电梯井、集水坑防水…… 37
3.3.2 外墙后浇带防水…… 38
3.3.3 外墙防水卷材搭接…… 38
3.3.4 外墙散水防水…… 38
3.3.5 施工缝止水钢板…… 39
3.3.6 施工缝止水条…… 39
3.3.7 墙体竖向施工缝止水带…… 40
3.3.8 柔性穿墙管迎水面防水…… 41
3.3.9 螺栓孔眼处理…… 41
3.3.10 卷材防水层封边（1）…… 42
3.3.11 卷材防水层封边（2）…… 42
3.3.12 卷材防水层甩槎…… 43
3.3.13 顶板变形缝防水…… 43
3.3.14 卷材防水层平面阴阳角…… 43
3.3.15 卷材防水层三面阴角…… 44
3.3.16 外墙阳角防水…… 44
3.3.17 桩头防水…… 45
3.3.18 卷材防水铺贴顺序…… 45
3.3.19 窗井防水…… 46
3.3.20 女儿墙防水收口…… 46
4 钢筋、模板、混凝土工程…… 48
4.1 钢筋工程施工…… 48
4.1.1 钢筋进场的力学性能检验…… 48
4.1.2 钢筋原材进入现场的放置要求…… 48
4.1.3 钢筋的弯钩…… 49
4.1.4 锚固长度…… 50
4.1.5 预留洞口：预留线盒等施工过程中常见问题的预控措施…… 51
4.1.6 板、梁施工过程中常见问题的预控措施…… 51
4.1.7 抽取钢筋机械连接接头、焊接接头试件作力学性能检验…… 53
4.1.8 直螺纹套筒连接的钢筋施工要求…… 55
4.1.9 钢筋代换要求…… 56
4.1.10 对钢筋偏位可采取的处理方法…… 56
4.1.11 钢筋优秀节点做法…… 57
4.2 模板工程施工…… 57
4.2.1 漏浆的预防措施…… 57
4.2.2 废旧模板在施工中的应用…… 58
4.2.3 模板工程的施工技术要求…… 59
4.2.4 模板拆除的施工技术要求…… 59

4.2.5　模板工程质量检查与检验要点……60
4.2.6　模板安装工程施工要点……60
4.2.7　模板拆除工程施工要点……60
4.2.8　模板工程优秀节点做法……61
4.3　混凝土工程施工……61
4.3.1　混凝土施工过程中常见质量问题……61
4.3.2　操作平台施工要求……63
4.3.3　条形基础浇筑施工注意要点……64
4.3.4　在振动界限以前对混凝土进行二次振捣的必要性……65
4.3.5　施工缝的留置位置应符合的施工要求……65
4.3.6　对于四周均为剪力墙的楼梯，施工缝留置要求……66
4.3.7　在施工缝处继续浇筑混凝土时，应符合的规定……67
4.3.8　混凝土的自然养护……68
4.3.9　大体积混凝土工程温控技术措施……68
4.3.10　大体积混凝土的浇筑方案……69
4.3.11　超大体积混凝土跳仓法施工……69
4.3.12　大体积混凝土的振捣……70
4.3.13　大体积混凝土防裂技术措施……71
4.3.14　混凝土现浇楼板质量通病防治的施工措施……71
4.3.15　剪力墙混凝土浇筑施工要点……72
4.3.16　楼梯混凝土浇筑施工要点……72
4.3.17　混凝土施工成品保护要点……72
4.3.18　混凝土工程优秀节点做法……73
5　砌体工程、机电预留预埋……74
5.1　砌体工程……74
5.1.1　施工依据……74
5.1.2　砌体工程样板……74
5.1.3　砌体材料进场……74
5.1.4　砌体施工定位放线……75
5.1.5　砌体砌筑方法……77
5.2　机电预留预埋……83
6　屋面工程……87
6.1　排气孔……87
6.2　分格缝……87
6.3　出屋面管道……87
6.4　屋面防水……91
6.5　饰面砖铺贴……91
6.6　挂瓦坡屋面……94
6.7　变形缝……95

6.8 设施基础……96
6.9 屋面保温……97
6.10 屋面其他细部……97
7 装饰装修工程……100
7.1 室内装饰工程……100
7.1.1 卫生间防水基层（找平层）……100
7.1.2 卫生间防水管根墙角处理……100
7.1.3 卫生间防水基层含水率要求……100
7.1.4 卫生间防水基层坡度……101
7.1.5 卫生间门口防水……101
7.1.6 防水施工工艺……101
7.1.7 卫生间防水施工……101
7.1.8 卫生间细部处理……102
7.1.9 卫生间防水蓄水试验……104
7.1.10 卫生间防水成品保护……104
7.1.11 抹灰面收光工艺……105
7.1.12 室内抹灰阴阳角线……106
7.1.13 水泥楼地面墙根部、主根部拉毛处理……106
7.1.14 水泥砂浆地面……107
7.1.15 踢脚线设置……107
7.1.16 石材（块材）踏步面层楼梯……107
7.1.17 楼梯水泥砂浆滴水线……108
7.1.18 楼梯扶手……108
7.1.19 纸面石膏板吊顶……109
7.1.20 块料吊顶……110
7.1.21 窗帘盒……111
7.1.22 饰面砖拼缝及阳角……111
7.2 外墙面工程……112
7.2.1 涂饰墙面……112
7.2.2 饰面砖墙面……112
7.2.3 幕墙墙面……114
8 安全文明工程……115
8.1 现场图牌……115
8.1.1 安全标牌……115
8.1.2 危险源标识牌……115
8.1.3 材料标识牌……116
8.2 悬挑脚手架……116
8.3 水平安全网设置……118
8.4 洞口防护的安全文明施工……118

8.4.1　电梯井口防护 …… 118
8.4.2　楼梯口防护 …… 119
8.4.3　预留洞口防护 …… 119
8.4.4　通道口防护 …… 119
8.4.5　电梯井操作架 …… 122
8.5　临边防护的安全文明施工 …… 125
8.5.1　基坑临边防护要求 …… 125
8.5.2　屋面、框架楼层、阳台周边防护 …… 128
8.5.3　卸料平台侧边防护 …… 129
8.5.4　人行道防护 …… 131
8.6　塔吊使用安全要求 …… 131
8.7　施工升降机安全要求 …… 133
8.8　施工现场临电设施要求 …… 134
8.8.1　配电箱防护 …… 134
8.8.2　分级配电 …… 134
8.8.3　低压照明 …… 135
8.9　大门形象 …… 135
8.10　围墙 …… 136
8.11　消防保卫 …… 138
8.12　生活办公区设置 …… 139
8.13　吸烟室、茶水亭设置 …… 139
8.14　宿舍 …… 140
8.15　厨房设置 …… 140
8.16　厕所设置 …… 141
8.17　浴室设置 …… 142
9　绿色施工 …… 143
9.1　环境保护 …… 143
9.2　节水措施 …… 144
9.3　节材措施 …… 145
9.4　节能措施 …… 146
9.5　节地及施工用地保护措施 …… 147

1 土方工程

1.1 土钉墙

土钉墙是一种原位土体加筋技术。是一种将基坑边坡通过由钢筋制成的土钉进行加固，边坡表面铺设一道钢筋网再喷射一层混凝土面层和土方边坡相结合的边坡加固型支护施工方法。其构造为设置在坡体中的加筋杆件（即土钉或锚杆）与其周围土体牢固粘结形成的复合体，以及面层所构成的类似重力挡土墙的支护结构。适用地段有黏土、粉土、杂填土、碎石土等，见图 1-1。

图 1-1　土钉墙

土钉墙的特点：

（1）合理利用土体的自稳能力，将土体作为支护结构不可分割的部分，结构合理；

（2）结构轻型，柔性大，有良好的抗震性和延性，破坏前有变形发展过程；

（3）密封性好，完全将土坡表面覆盖，没有裸露土方，阻止或限制了地下水从边坡表面渗出，防止了水土流失及雨水、地下水对边坡的冲刷侵蚀；

（4）土钉数量众多，靠群体作用，即便个别土钉有质量问题或失效，对整体影响也不大；

（5）施工所需场地小，移动灵活，支护结构基本不单独占用空间，能贴近已有建筑物开挖，这是桩、墙等支护难以做到的，故在施工场地狭小、建筑距离近、大型护坡施工设备没有足够工作面等情况下，显示出独特的优越性；

（6）施工速度快，土钉墙随土方开挖施工，分层分段进行，与土方开挖基本能同步，不需养护或单独占用施工工期，故多数情况下施工速度较其他支护结构快；

（7）施工设备及工艺简单，不需要复杂的技术和大型机具，施工对周围环境干扰小；

（8）由于孔径小，与桩等施工方法相比，穿透卵石、漂石及填石层的能力更强一些；且施工方便灵活，在开挖面形状不规则、坡面倾斜等情况下施工不受影响；

（9）边开挖边支护便于信息化施工，能够根据现场监测数据及开挖暴露的地质条件及时调整土钉参数，一旦发现异常或实际地质条件与原勘察报告不符时能及时相应调整设计参数，避免出现大的事故，从而提高了工程的安全可靠性；

（10）材料用量及工程量较少，工程造价较低。据国内外资料分析，土钉墙工程造价比其他类型支挡结构一般低 1/5～1/3。

1.1.1 适用范围

土钉墙由密集的土钉群、被加固的原位土体、喷射的混凝土面层和必要的防水系统组成。土钉墙支护工程的适用范围如下：

（1）深度不大于 12m 的基坑支护或边坡加固，应用期限不宜超过 18 个月。

（2）基坑侧壁安全等级为二、三级。

1.1.2 材料及设备

1.1.2.1 材料要求

（1）土钉钢筋宜采用 HRB335、HRB400 级钢筋，钢筋直径宜为 16～32mm，间距宜为 150～300mm，使用前应调直、除锈、除油；

一般宜选用体积较小、重量较轻、装拆移动方便的机具。

图 1-2　土钉墙成孔机具

（2）优先使用强度等级为 P·O 42.5 级的普通硅酸盐水泥；

（3）采用干净的中粗砂，含泥量应小于 5%；

（4）使用速凝剂时，应先做与水泥的相容性试验及水泥浆凝结效果试验；

（5）钢筋网，钢筋直径宜为 6～10mm。

1.1.2.2 主要机具

（1）成孔机具

常用有锚杆钻机、地质钻机、洛阳铲。在易塌孔的土体钻孔时宜采用套管成孔或挤压成孔设备。见图 1-2。

（2）灌浆机具设备

注浆设备有注浆泵、灰浆搅拌机等，其规格、压力和输浆量应满足施工要求，见图 1-3。

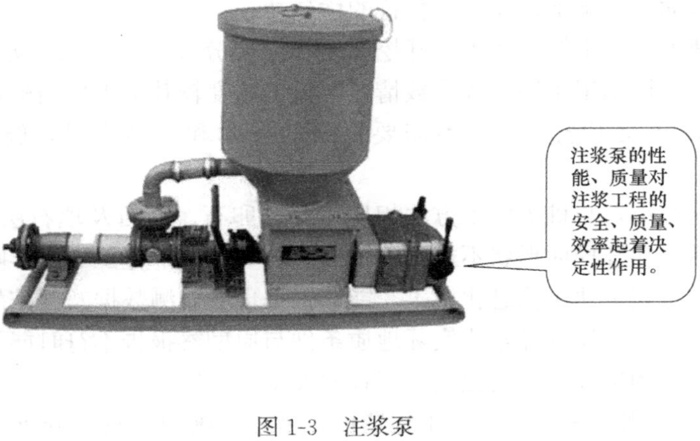

注浆泵的性能、质量对注浆工程的安全、质量、效率起着决定性作用。

图 1-3　注浆泵

注浆泵应有的工作性能：

1）注浆泵应具有较大的排浆量调节范围，一般注浆终量与注浆始量的变化为 8～10 倍。注浆终量小，证明了填满压实得好。

2）注浆泵应具有可靠的压力控制能力。因为注浆“填满压实”势必形成注浆泵的超压，此时泵应及时地减少排浆量，以降低浆液在缝隙中的流动阻力，从而避免发生注浆压裂、路面凸起、机械事故等情况。注浆泵最好具有随注浆压力变化而自动调节排浆量的性能。

3）注浆泵应当操作维修简单，使用安全可靠。因为注浆泵使用的浆液易于沉淀、凝固，注浆泵必须保证每次注浆中途不得停顿（应做好注浆前的预防性检修）。

（3）混凝土喷射机具

混凝土喷射机具有 z-5 混凝土喷射机和空压机等，见图 1-4。

分干式喷
射机和湿
式喷射机
两类。

图 1-4　混凝土喷射机具

实际施工中，一般采用湿式喷射机，因其具有以下优点。

1）大大降低了机旁和喷嘴外的粉尘浓度，消除了对工人健康的危害。

2）生产率高。干式混凝土喷射机一般不超过 $5m^3/h$。而使用湿式混凝土喷射机，人工作业时可达 $10m^3/h$；采用机械手作业时，则可达 $20m^3/h$。

3）回弹度低。干喷时，混凝土回弹度可达 15%～50%；采用湿喷技术，回弹度可降低到 10%以下。

4）湿喷时，由于水灰比易于控制，混凝土水化程度高，故可大大改善喷射混凝土的品质，提高混凝土的匀质性，而干喷时，混凝土的水灰比是由喷射手根据经验及肉眼观察来进行调节的，混凝土的品质在很大程度上取决于机械手操作正确与否。

1.1.2.3　作业条件

（1）有齐全的技术文件和完整的施工方案，并已进行技术交底。

（2）进行场地平整，拆迁施工区域内的报废建筑物和挖除工程部位地面以下 3m 内的障碍物，施工现场应有可使用的水源和电源。在施工区域内已设置临时设施并修建施工便道及排水沟，各种施工机具已运到现场，且安装维修试运转正常。

（3）已进行施工放线，土钉孔位置、倾角已确定；各种备料和配合比及焊接强度经试验确认可满足设计要求。

1.1.2.4　土钉墙设计及构造应符合下列规定

(1) 土钉墙墙面坡度不宜大于 1∶0.2，见图 1-5。

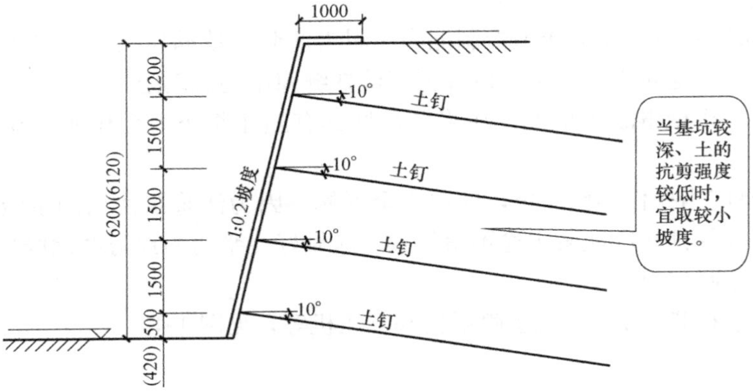

图 1-5　土钉墙坡度

对于砂土、碎石土、松散填土，确定土钉墙坡度时尚应考虑开挖时坡面的局部自稳能力。微型桩、水泥土桩复合土钉墙，应采用微型桩、水泥土桩与土钉墙面层贴合的垂直墙面。

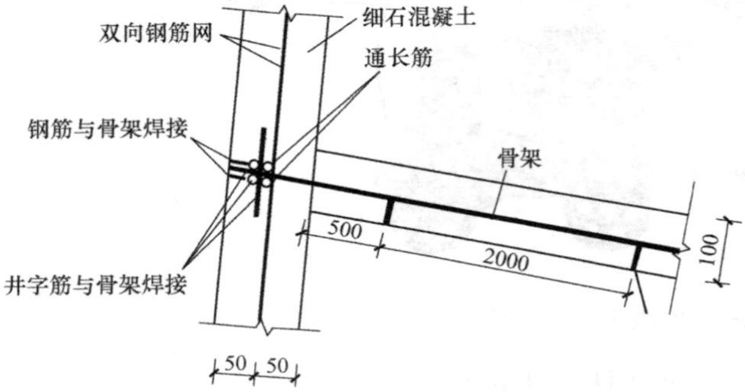

图 1-6　土钉与层面连接

(2) 土钉必须和面层有效连接，应设置承压板或加强钢筋等构造措施，承压板或加强钢筋应与土钉螺栓连接或与钢筋焊接连接，见图 1-6。

(3) 土钉的长度宜为开挖深度的 0.5～1.2 倍，间距宜为 1～2m，呈梅花形或正方形布置，与水平面夹角宜为 5°～200°，见图 1-7。

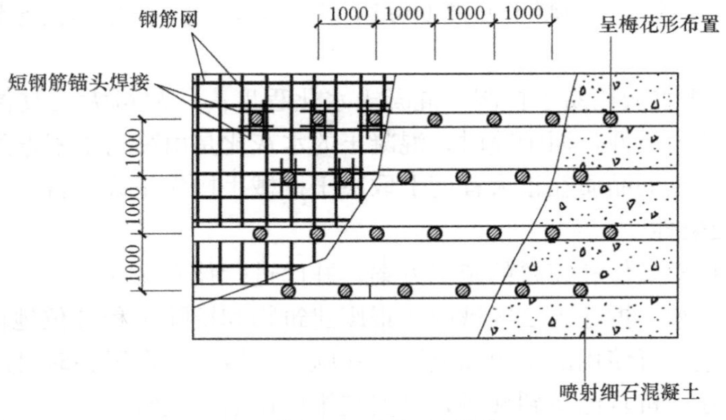

图 1-7　土钉布置图

(4) 土钉钢筋宜采用 HRB335、HRB400 级钢筋，钢筋直径宜为 16～32mm，钻孔直径宜为 70～150mm。

（5）注浆材料宜采用水泥浆或水泥砂浆，其强度等级不宜低于 M10。

（6）喷射混凝土面层宜配置钢筋网，钢筋直径宜为 6～10mm，间距宜为 150～300mm；喷射混凝土强度等级不宜低于 C20，见图 1-8。

（7）坡面上下段钢筋网搭接长度应不小于一个网格边长或 300mm，如为搭接焊则焊接长度单面不小于网片钢筋直径的 10 倍。

（8）当地下水位高于基坑底面时，应采取降水或截水措施；土钉墙墙顶应采用砂浆或混凝土护面，坡顶和坡脚应设排水措施，坡面上可根据具体情况设置泄水孔，见图 1-9。

图 1-8　土钉墙混凝土施工

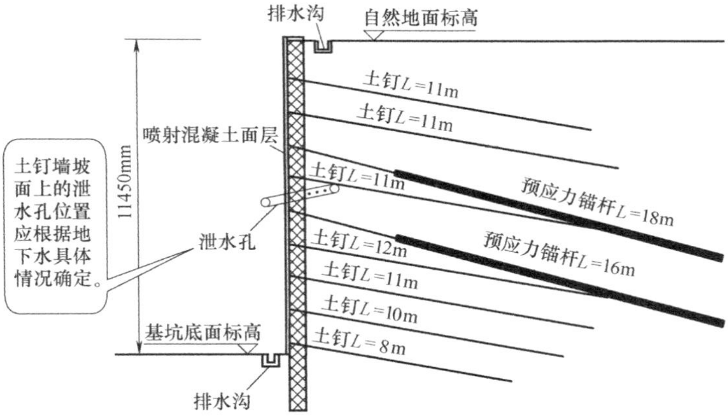

图 1-9　土钉墙排水措施

1.1.3　操作工艺

（1）工艺流程

设置排水设施→基坑开挖→边坡处理→钻孔→插打土钉钢筋→注浆→挂钢筋网→喷射面层混凝土→施工检测

（2）排水设施的设置

1）水是土钉支护结构最为敏感的问题，不但要在施工前做好降排水工作，还要充分考虑土钉支护结构工作期间地表水及地下水的处理，设置排水构造措施。

2）基坑四周地表应加以修整并构筑明沟排水和水泥砂浆或混凝土地面，严防地表水向下渗流。

3）基坑边壁有透水层或渗水土层时，混凝土面层上要做泄水孔，按间距 1.5～2.0m 均布插设长 0.4～0.6m、直径 40mm 的塑料排水管，外管口略向下倾斜。

4）为了排除积聚在基坑内的渗水和雨水，应在坑底设置排水沟和集水井。排水沟应离开坡脚 0.5～1.0m，严防冲刷坡脚。排水沟和集水井宜采用砖砌并用砂浆抹面以防止渗漏。坑内积水应及时排除。

（3）基坑开挖

1）基坑要按设计要求严格分层分段开挖，在完成上一层作业面土钉与喷射混凝土面层达到设计强度的 70%以前，不得进行下一层土层的开挖。每层开挖最大深度取决于在支护投入工作前土壁可以自稳而不发生滑移破坏的能力，实际工程中常取基坑每层挖深与土钉竖向间距相等。每层开挖的水平分段层开挖的水平分段也取决于土壁自稳能力，且与支护施工流程相互衔接，一般多为 10～20m 长。当基坑面积较大时，允许在距离基坑四周边坡 8～10m 的基坑中部自由开挖，但应注意与分层作业区的开挖相协调，见图 1-10。

基坑进行土方开挖时，会引起邻近土体发生地表沉降，使得建筑物的安全性能受到威胁。合理的土方开挖方案是保证深基坑施工过程顺利进行的重要条件。

图 1-10　基坑分层开挖

2）挖土要选用对坡面土体扰动小的挖土设备和方法，严禁边壁出现超挖或土体松动。坡面经机械开挖后要采用小型机械或人工进行切削清坡，以使坡度与坡面平整度达到设计要求，见图 1-11。

3）对修整后的边坡，立即喷上一层薄的混凝土，强度等级不宜低于 C20，凝结后再进行钻孔，见图 1-12。

在小型机械或人工进行清坡时，要注意坡度和基底的标高尺寸，保证达到规范和设计的具体要求。

图 1-11　人工或小型机械清坡

修整后及时喷射混凝土对边坡起到了临时的保护作用，为以后的施工和边坡的稳定提供了保障。

图 1-12　边坡清完后喷射混凝土

4）在作业面上先构筑钢筋网喷射混凝土面层，钢筋保护层厚度不宜小于 20mm，面层厚度不宜小于 80mm，而后进行钻孔和设置土钉，见图 1-13。

5）在水平方向上分小段间隔开挖。

6）先将作业深度上的边壁做成斜坡，待钻孔并设置土钉后再清坡。

7）在开挖前，沿开挖面垂直击入钢筋或钢管，或注浆加固土体。

（4）设置土钉

1）若土层地质条件较差时，在每步开挖后应尽快做好面层。即对修整后的边壁立即喷上一层薄混凝土或砂浆；若土质较好的话，可省去该道面层。

2）土钉设置通常做法是先在土体上成孔，然后置入土钉钢筋并沿全长注浆，也可以是采用专门设备将土钉钢筋击入土体，见图 1-14。

图 1-13 先喷射混凝土面层再钻孔

（5）钻孔

1）钻孔前应根据设计要求定出孔位并做出标记和编号，钻孔时要保证位置正确（上下左右及角度），防止高低参差不齐和相互交错。

2）钻进时要比设计深度多钻进 100～200mm，以防止孔深不够。

3）采用的机具应符合土层的特点，满足设计要求，在进钻和抽钻杆过程中不得引起土体塌孔。在易塌孔的土体中钻孔时宜采用套管成孔或挤压成孔，见图 1-15。

图 1-14 土钉成孔

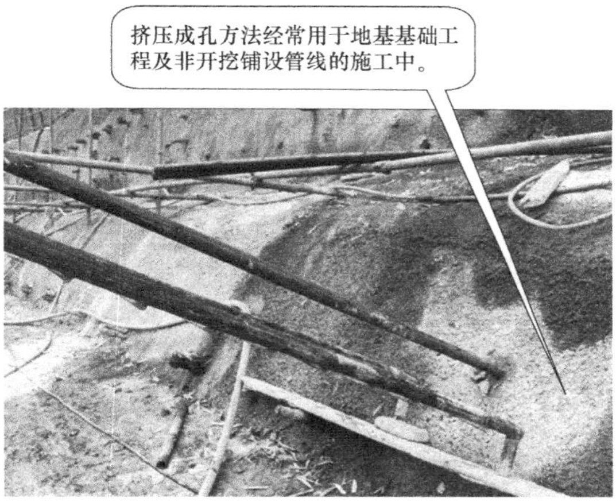

挤压成孔方法经常用于地基基础工程及非开挖铺设管线的施工中。

图 1-15 挤压成孔

（6）插入土钉钢筋

插入土钉钢筋前要进行清孔检查，若孔中出现局部渗水、塌孔或掉落松土，应立即处理。土钉钢筋置入孔中前，要先在钢筋上安装对中定位支架，以保证钢筋处于孔位中心且注浆后其保护层厚度不小于 25mm。支架沿钉长的间距可为 2～3m，支架可为金属或塑料件，以不妨碍浆体自由流动为宜，见图 1-16。

（7）注浆

1）注浆材料宜选用水泥浆、水泥砂浆。注浆用水泥砂浆的水灰比不宜超过 0.4～0.45，当用水泥净浆时水灰比不宜超过 0.45～0.5，并宜加入适量的速凝剂等外加剂以促进早凝和控制泌水，见图 1-17。

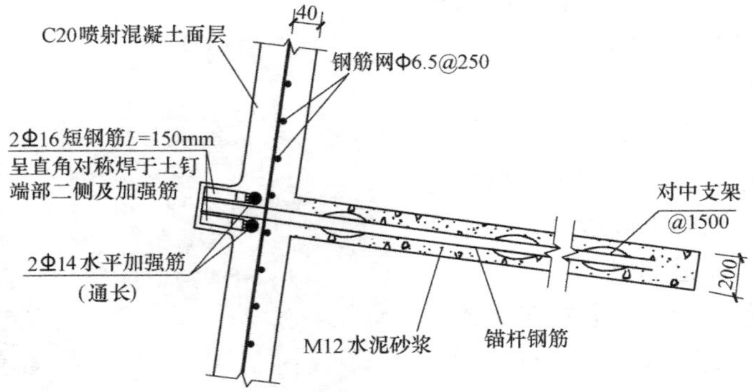

图 1-16　土钉钢筋结构

水灰比影响混凝土的流变性能、水泥浆凝聚结构以及其硬化后的密实度，因而在组成材料给定的情况下，水灰比是决定混凝土强度、耐久性和其他一系列物理力学性能的主要参数。

2）注浆前要验收土钉钢筋安设质量是否达到设计要求。

3）一般可采用重力、低压（0.4～0.6MPa）或高压（1～2MPa）注浆，水平孔应采用低压或高压注浆。重力注浆以满孔为止，但在浆体初凝前需补浆 1～2 次，见图 1-18。

要对某种水泥有一个最适宜的比值，过大或过小都会使强度等性能受到影响。

图 1-17　水泥砂浆

压力注浆时应在孔口或规定位置设置止浆塞，注满后保持压力3～5min。

图 1-18　压力注浆

4）对于向下倾角的土钉，注浆采用重力或低压注浆时宜采用底部注浆方式，注浆导管底端应插至距孔底 250～500mm 处，在注浆同时将导管匀速缓慢地撤出。注浆过程中注浆导管口应始终埋在浆体表面以下，以保证孔中气体能全部逸出。

5）注浆时要采取必要的排气措施。对于水平土钉的钻孔，应用孔口部压力注浆或分段压力注浆，此时需配排气管并与土钉钢筋绑扎牢固，在注浆前与土钉钢筋同时送入孔中。

6）向孔内注入浆体的充盈系数必须大于 1。每次向孔内注浆时，宜预先计算所需的浆体体积并根据注浆泵的冲程数计算出实际向孔内注入的浆体体积，以确认实际注浆量超过孔内容积。

7）注浆材料应拌合均匀，随拌随用，一次拌合的水泥浆、水泥砂浆应在初凝前用完。

8）注浆前应将孔内残留或松动的杂土清除干净。注浆开始或中途停止超过30min时，应用水或稀水泥浆润湿注浆泵及其管路。

9）为提高土钉抗拔能力，还可采用二次注浆工艺。

（8）铺钢筋网

1）在喷混凝土之前，先按设计要求绑扎、固定钢筋网。面层内钢筋网片应牢固固定在边壁上并符合设计规定的保护层厚度要求，见图1-19。

图1-19 钢筋网敷设

2）钢筋网片可焊接或绑扎而成，网格允许偏差为±10mm。铺设钢筋网时每边的搭接长度应不小于一个网格边长或300mm，如为搭接焊则单面焊接长度不小于网片钢筋直径的10倍。网片与坡面间隙不小于20mm。

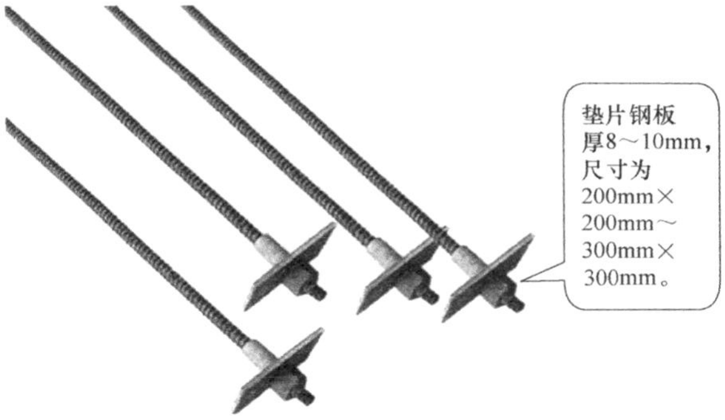

图1-20 带垫片螺杆

3）土钉与面层钢筋网的连接可通过垫片、螺帽及土钉端部螺纹杆固定。垫板下空隙需先用高强水泥砂浆填实，待砂浆达到一定强度后方可旋紧螺帽以固定土钉。土钉钢筋也可采取井字加强钢筋直接焊接在钢筋网上等措施，见图1-20。

4）当面层厚度大于120mm时宜采用双层钢筋网，第二层钢筋网应在第一层钢筋网被混凝土覆盖后铺设。

（9）喷射面层

1）喷射混凝土的配合比应通过试验确定，粗骨料最大粒径不宜大于12mm，水灰比不宜大于0.45，并应通过外加剂来调节所需工作度和早强时间。当采用干法施工时，应事先对操作人员进行技术考核，以保证喷射混凝土的水灰比和质量达到设计要求，见图1-21。

2）喷射混凝土前，应对机械设备、风、水管路和电路进行全面检查和试运转。

为保证喷射混凝土厚度达到均匀的设计值，可在边壁上隔一定距离打入垂直短钢筋段作为厚度标志。喷射混凝土的射距宜保持在0.6～1.0m范围内，并使射流垂直于壁面。在有钢筋的部位可先喷钢筋的后方以防止钢筋背面出现空隙。

喷射混凝土的路线可从壁面开挖层底部逐渐向上进行，但底部钢筋网搭接长度范围以内先不喷混凝土，待与下层钢筋网搭接绑扎之后再与下层壁面同时喷射混凝土。混凝土面层接缝部分做成45°角斜面搭接。当设计面层厚度超过100mm时，混凝土应分两层喷射，一次喷射厚度不宜小于40mm，且接缝错开。

混凝土接缝在继续喷射混凝土之前应清除浮浆碎屑，并喷少量水润湿。

3）面层喷射混凝土终凝后2h应喷水养护，养护时间宜在3～7d，养护视当地环境条件可采用喷水、覆盖浇水或喷涂养护剂等方法。

4）喷射混凝土强度可用边长为100mm的立方体试块进行测定。制作试块时，将试模底面紧贴边壁，从侧向喷入混凝土，每批至少留取3组（每组3块）试件。

（10）土钉现场测试

土钉支护施工必须进行土钉的现场抗拔试验，应在专门设置的非工作钉上进行抗拔试验，见图1-22。

图1-21　喷射混凝土

锚杆拉拔力试验的目的是判定边坡的可锚性、评价锚杆锚固系统的性能和锚杆的锚固力，试验必须在现场进行，使用的材料和设备与正常支护相同。

图1-22　土钉现场拉拔试验

（11）施工监测

在支护施工阶段，每天监测不少于1～2次；在支护施工完成后、变形趋于稳定的情况下每天1次。监测过程应持续至整个基坑回填结束为止。

图1-23　支护监测

1）土钉的施工监测应包括下列内容：

支护位移、沉降的观测；地表开裂状态（位置、裂宽）的观察；附近建筑物和重要管线等设施的变形测量和裂缝宽度观测；基坑渗、漏水和基坑内外地下水位的变化，见图1-23。

2）观测点的设置：每个基坑观测点的总数不宜少于3个，间距不宜大于30m。其位置应选在变形量最大或局部条件最为不利的地段。观测仪器宜用精密水准仪和精密经纬仪。

3）当基坑附近有重要建筑物等设施时。也应在相应位置设置观测点，在可能的情况下，宜同时测定基坑边壁不同深度位置处的水平位移，以及地表距基坑边壁不同距离处的沉降。

4）应特别加强雨天和雨后的监测，以及对各种可能危及支护安全的水害来源（如场地周围生产、生活用水，上下承管、贮水池罐、化粪池漏水，人工井点降水的排水，因开挖后土体变形造成管道漏水等）进行观察。

5）在施工开挖过程中，基坑顶部的侧向位移与当时的开挖深度之比超过3‰（砂土）和4‰（一般黏性土）时应密切加强观察，分析原因并及时对支护采取加固措施，必要时增用其他支护方法。

1.1.4 质量标准

（1）主控项目

土钉的长度应符合设计要求。

（2）一般项目

1）土钉工程所用原材料、钢材、水泥浆、水泥砂浆性能必须符合设计要求。

2）土钉的直径、标高、深度和倾角必须符合设计要求。

3）土钉的试验和监测必须符合设计和施工规范的规定。

4）土钉墙支护工程质量检验标准见表1-1。

土钉墙立护工程质量检验标准 **表1-1**

项目	序号	检查项目	允许偏差或允许值		检查方法
			单位	数值	
主控项目	1	土钉长度	mm	±30	钢尺量
	2	土钉抗拔试验	设计要求		现场测试
一般项目	1	土钉位置	mm	±1	钢尺量
	2	钻孔倾斜度	°	±1	测钻孔机具倾角
	3	浆体强度	设计要求		试样送检
	4	注浆量	大于理论计算浆量		检查计量数据
	5	土钉墙面厚度	设计要求		钢尺量
	6	面层混凝土强度	设计要求		试样送检

1.2 排桩

排桩通常多用于坑深7～15m的基坑工程，做成排桩挡墙，顶部浇筑混凝土圈梁。当工程桩也为灌注桩时，可以同步施工，从而有利于施工组织、缩短工期。当开挖影响深度内地下水位高且存在强透水层时，需采用隔水措施或降水措施。当开挖深度较大或对边坡变形要求严格时，需结合锚拉系统或支撑系统使用。

排桩支护依其结构形式可分为悬臂式支护结构、与（预应力）锚杆结合形成桩锚式和与内支撑（混凝土支撑、钢支撑）结合形成桩撑式支护结构。

具有刚度较大、抗弯能力强、变形相对较小，施工时无振动、噪声小，无挤土现象，对周围环境影响小等特点。

图 1-24　排桩实例

1.2.1　悬臂式排桩支护结构

悬臂式支护结构主要是根据基坑周边的土质条件和环境条件的复杂程度选用，其技术关键之一是严格控制支护深度。根据经验，悬臂式支护结构适用于开挖深度不超过 10m 的黏土层，不超过 5m 的砂性土层，以及不超过 4～5m 的淤泥质土层，见图 1-24。

悬臂式排桩结构的优缺点及适用范围：

优点：结构简单，施工方便，有利于基坑采用大型机械开挖。

缺点：相同开挖深度的位移大，内力大，支护结构需要更大截面和插入深度。

适用范围：场地土质较好，有较大的 c、φ 值，开挖深度浅且周边环境对土坡位移要求不严格。悬臂式维护结构受力图见图 1-25。

1.2.2　内撑式排桩支护结构

内撑式支护结构由支护结构体系和内撑体系两部分组成。支护结构体系常采用钢筋混凝土桩排桩墙、SMW 工法、钢筋混凝土咬合桩等形式。内撑体系可采用水平支撑和斜支撑。根据不同开挖深度又可采用单层水平支撑、二层水平支撑及多层水平支撑，分别如图 1-26（a）、（b）及（d）所示。当基坑平面面积很大，而开挖深度不太大时，宜采用单层斜支撑如图 1-26（c）所示。

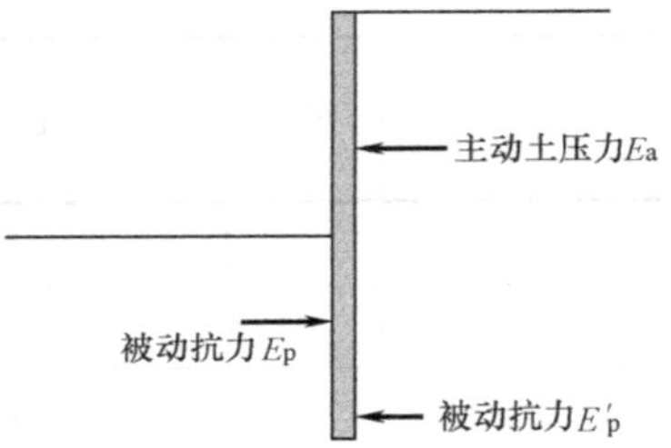

图 1-25　悬臂式维护结构受力图

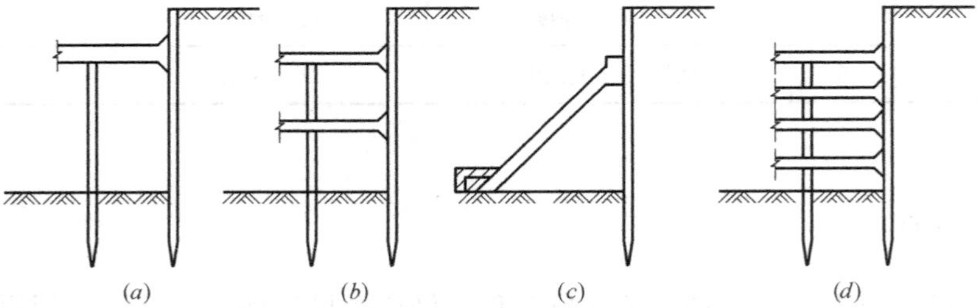

图 1-26　内撑式排桩支护结构图

内撑常采用钢筋混凝土支撑和钢管或型钢支撑两种。钢筋混凝土支撑体系的优点是刚度好、变形小，而钢管支撑的优点是钢管可以回收，且加预压力方便。内撑式支护结构适用范围广，可适用各种土层和基坑深度，如图在空间结构体系中的应用。

内支撑结构造价比锚杆低。但对地下室结构施工及土方开挖有一定的影响。但是在特殊情况下，内支撑式结构具有显著的优点。

（1）桩撑支护结构的优点：

1）施工质量易控制，工程质量的稳定程度高；

2）内撑在支撑过程中是受压构件，可充分发挥出混凝土受压强度高的材性特点，达到经济目的；

3）桩撑支护结构的适用土性范围广泛，尤其适合在软土地基中采用。

（2）桩撑支护结构的缺点：

1）内撑形成必要的强度以及内撑的拆除都需占据一定工期；

2）基坑内布置的内撑减小了作业空间，增加了开挖、运土及地下结构施工的难度，不利于提高劳动效率和节省工期，随着开挖深度的增加，这种不利影响更明显；

3）当基坑平面尺寸较大时，不仅要增加内撑的长度，内撑的截面尺寸也随之增加，经济性较差。

（3）桩撑支护结构的适用范围：

1）适用于侧壁安全等级为一、二、三级的各种土层和深度的基坑支护工程，特别适合在软土地基中采用；

图 1-27 内撑式排桩支护结构

2）适用于平面尺寸不太大的深基坑支护工程，对于平面尺寸较大的，可采用空间结构支撑改善支撑布置及受力情况；

3）适用于对周围环境保护及变形控制要求较高的深基坑支护工程。

内撑式排桩支护结构见图 1-27。

1.2.3 拉锚式排桩支护结构

拉锚式支护结构由支护结构体系和锚固体系两部分组成。支护结构体系同于内撑式支护结构，常采用钢筋混凝土排桩墙和地下连续墙两种。

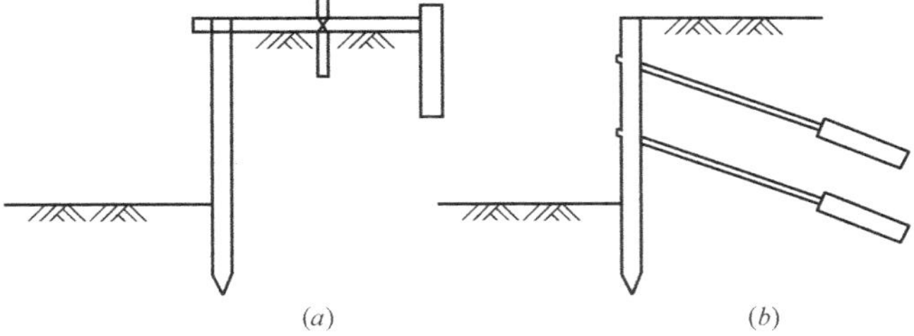

图 1-28 拉锚式支护结构示意图

（*a*）地面拉锚式；（*b*）双层锚杆式

锚固体系可分为锚杆式和地面拉锚式两种。随基坑深度不同，锚杆式也可分为单层锚杆、二层锚杆和多层锚杆。

地面拉锚式支护结构和双层锚杆式支护结构示意图分别如图 1-28（*a*）和（*b*）所示。地面拉锚式支护结构需要有足够的场地设置锚桩，或其他锚固物。锚杆式需要地基土能提供较大的锚固力。锚杆式较适用于砂土地基或黏土地基。由于软黏土地基不能提供较大的锚固力，所以很少使用。

桩锚支护结构的优缺点及适用范围：

（1）桩锚支护结构的优点：

1）桩锚支护结构的尺寸相对较小，而整体刚度大，在使用中变形小，有利于满足变形控制的要求；

2）与桩撑支护结构相比，桩锚支护结构的拉锚力与深基坑的平面尺寸无关，在平面尺寸较大的深基坑工程采用桩锚支护结构能凸显它的这个优势；

3）桩锚支护结构的施工相对较为简单，而且由于基坑内没有支挡，坑内有较大的净空空间，从而能确保土方开挖与运输、结构地下部分施工所需的作业空间，也为提高劳动效率、节省工期创造了前提条件；

4）桩锚支护结构的造价相对较低，有利于节省工程费用。

（2）桩锚支护结构的缺点：

1）桩锚支护结构所占作业空间较大，锚杆的设立要求场地有较宽敞的周边环境和良好的地下空间；

2）需要有稳定的土层或岩层以设置锚固体；

3）地质条件太差或土压力太大时使用桩锚支护结构，容易发生支护结构的受弯破坏或倾覆破坏。

（3）桩锚支护结构的适用范围：

1）适用于周边环境比较宽敞、地下管线少且没有不明地下物的深基坑支护工程；

2）特别适用于平面尺寸较大的深基坑支护工程；

3）对于使用锚杆作为外拉系统的桩锚支护结构，宜运用在具有密实砂土、粉土、黏性土等稳定土层或稳定岩层的深基坑支护工程中。

1.3 拉锚

拉锚式支护是一种浅基坑支护方式。它是将水平挡土板支在柱桩内侧，柱桩一端打入土中，另一端用拉杆与锚桩拉紧，在挡土板内侧回填土。适于开挖较大型、深度不大的或使用机械挖土，不能安设横撑的基坑。见图 1-29。

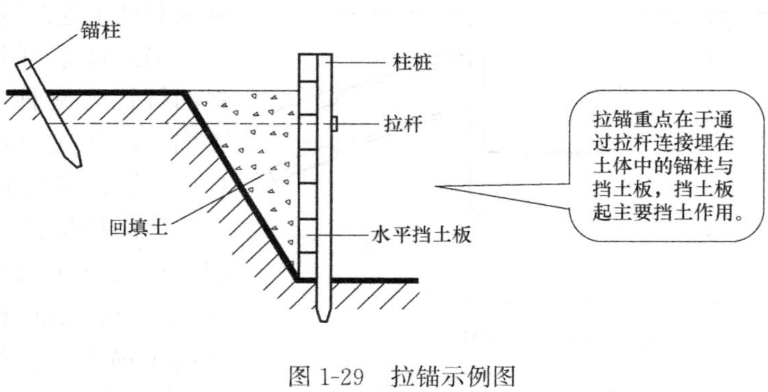

图 1-29　拉锚示例图

1.3.1 适用范围

适于开挖较大型、深度不大的或使用机械挖土，不能安设横撑的基坑。

1.3.2 设计参数

具体锚杆数量、直径、长度、位置等及嵌固深度根据设计计算确定。

1.3.3 施工工艺

施工顺序：钻机成孔→安放拉杆→灌浆→养护→锚具安装→锚杆张拉（下层土方开挖）。

（1）钻孔

土层锚杆的钻孔工艺，直接影响土层锚杆的承载能力、施工效率和整个支护工程的成本。因此，根据不同土质正确选择钻孔方法，对保证土层锚杆的质量和降低工程成本至关重要。按钻孔方法的不同，也可分为干作业法和湿作业法（压水钻进法）。

1）干作业法

当土层锚杆处于地下水位以上时，可选用干作业法成孔。该法适用于黏土、粉质黏土和密实性、稳定性较好的砂土等土层，一般多用螺旋式钻机等施工。

采用干作业法钻孔时，应注意钻进速度，防止卡钻，并应将孔内土充分取出后再拔出钻杆，以减小拔钻阻力，并可减少孔内虚土。

图 1-30 螺旋钻孔

干作业法有两种施工方法：

① 通过螺旋钻杆直接钻进取土，形成锚杆孔，见图 1-30；

② 采用空心螺旋锚杆一次成孔，见图 1-31。

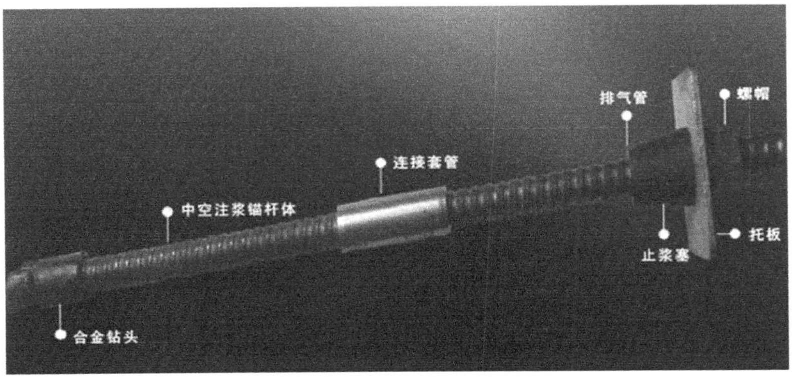

图 1-31 空心螺旋锚杆

空心螺旋锚杆是一种锚杆钻进，注浆合而为一的锚杆。具有可靠、高效、施工方便的特点。适应于不同现场施工情况，工程地质条件的使用要求具有与之适应的比较完善的配套系统，可保证在各种不同的复杂的环境中的锚固效果。

2）湿作业法

湿作业法即压水钻进成孔法，它在成孔时将压力水从钻杆中心注入孔底，压力水携带钻削下的土渣从钻杆与孔壁间的孔隙处排出，使钻进、出渣、清孔等工序一次完成。由于孔内有压力水存在，故可防止塌孔，减少沉渣及虚土。施工时排出泥浆较多，需搞好排水系统，否则施工现场污染会很严重。

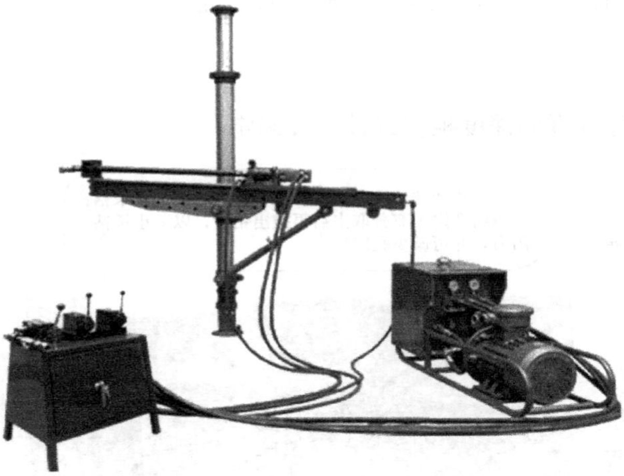

图 1-32　回转达式钻机

湿作业法采用回转达式钻机施工。水压力控制在 0.15～0.30MPa，注水应保持连续钻进速度 300～400mm/min 为宜，每节钻杆钻进后在进行接钻前及钻至规定深度后，均应彻底清孔，至出水清澈为止。在松软土层中钻孔，可采用套管钻进，以防坍孔，见图 1-32。

清孔是否彻底对土层锚杆的承载力影响很大。为改善土层锚杆的承载力，还可采用水泥浆清孔，有资料报道，它可提高锚固力 150%，但成本较高。

（2）扩孔

一般认为，对锚杆孔进行扩孔形成扩大头土层锚杆的承载能力会有所提高。

扩孔的方法有四种：机械扩孔、爆炸扩孔、水力扩孔及压浆扩孔。

（3）安放拉杆

1）拉杆的制作

拉杆设计采用 ϕ48 钢管、ϕ22 钢筋和 7ϕ5 钢绞线拉杆。钢管土钉按设计要求进行加工，见图 1-33。

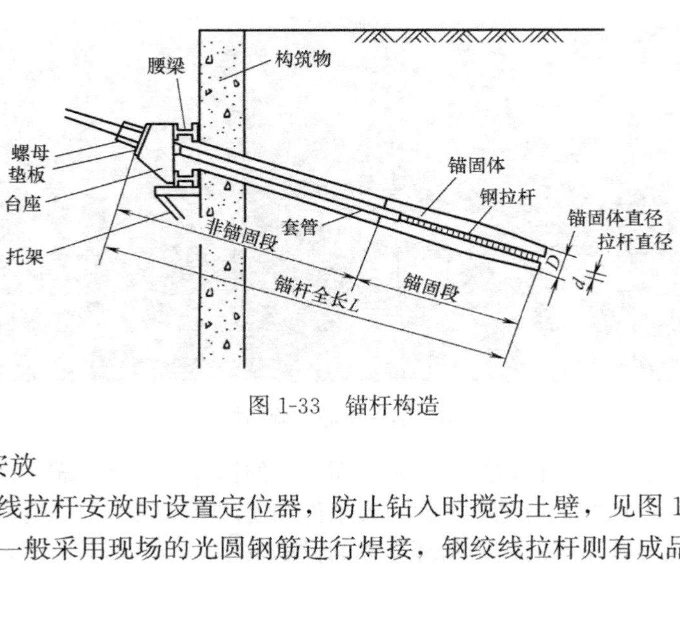

图 1-33　锚杆构造

2）拉杆的安放

钢筋、钢绞线拉杆安放时设置定位器，防止钻入时搅动土壁，见图 1-33。

钢筋的定位一般采用现场的光圆钢筋进行焊接，钢绞线拉杆则有成品塑料圈作为定位器使用，见图 1-34。

图 1-34 拉杆定位器

拉杆定位器可有效保证杆体居中，确保注浆后的砂浆保护层厚度。

(4) 灌浆

灌浆料采用水泥净浆。灌浆施工采用二次重复灌浆法施工。第一次灌浆时灌浆管管端离锚杆末端 500mm，第二次灌浆时灌浆管的管端距离锚杆末端 1000mm 左右，管底出口处用黑胶布封口，从管端 500mm 处开始向上每隔 2m 做出 1m 长的花管，花管的孔眼为 $\phi8$，花管的段数视锚固段长度而定。

灌浆时先灌锚固段，待浆液初凝再对锚固段进行张拉，然后再灌注自由段，使锚固段与自由段界限分明。

第一次灌浆压力 0.3～0.5MPa，流量控制在 100L/min。在压力作用下，浆液冲出封口流向钻孔，并将水及泥浆置换出来。第一段灌浆量可根据孔径及锚固段长度而定。第一次灌浆后将注浆管拔出，可重复使用。

待第一次灌注的浆液初凝后，进行第二次灌浆。二次注浆时间可根据注浆工艺试验确定或在第一次灌浆锚固体强度达到 5MPa 后进行。压力控制在 2.5～5.0MPa，并稳压 2min，浆液冲破第一次灌浆体，向锚固体与土的接触面之间扩散，使锚固体直径扩大，增加径向压应力。由于挤压作用，使锚固体周围的土受到压缩，孔隙比减小，含水量减少，也提高了土的内摩擦角。由此，提高土层锚杆的承载能力。

(5) 张拉锚固

1) 锚头及张拉设备

土层锚杆的锚头与张拉设备，应根据锚杆材料配套。单根粗钢筋拉杆，可采用螺丝端杆，或直接在钢筋端部加工螺纹，但后者应注意截面的损失。张拉设备则可选用拉杆式千斤顶，如 YL—60 型等。拉杆为钢束者，锚具可选用夹片式锚头或锥形螺杆锚头，前者可配以锥锚式千斤顶，后者则可用拉杆式千斤顶，亦可用穿心式千斤顶，如 YC—60、YC—90 等，见图 1-35。

采用钢绞线作为拉杆的，可采用夹片式组合锚头如 JM12、QM 系列锚头等，配套的千斤顶可用 YCQ—100、YCQ—200 等，对钢绞线也可采用转接器，形成螺丝端杆锚头。

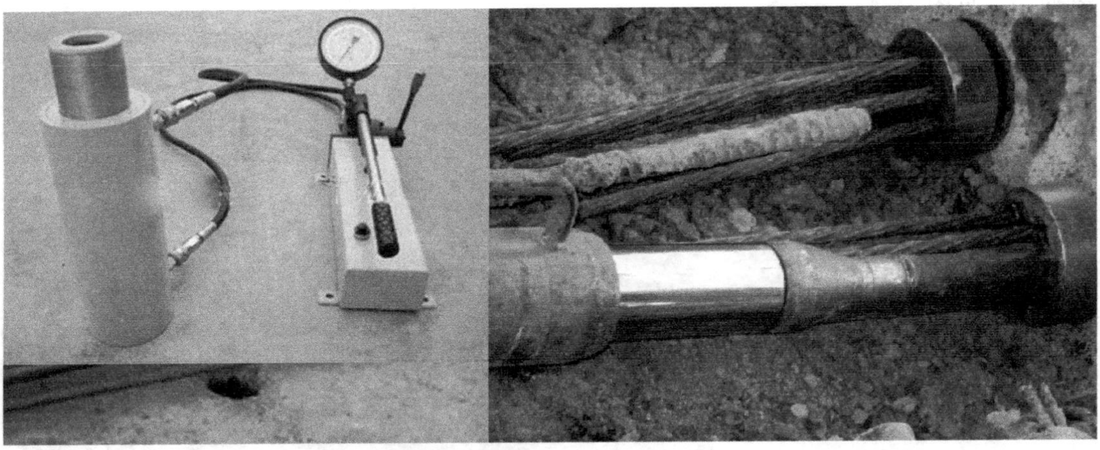

图 1-35　锚杆张拉

有关锚头装置按设计要求确定。

2）张拉方法

锚杆的张拉与施加预应力（锁定）符合以下规定：

① 锚固段强度大于 15MPa 并不小于设计强度等级的 75%后方可进行张拉；

② 锚杆张拉顺序应考虑对邻近锚杆的影响；

③ 锚杆宜张拉至设计荷载的 0.9～1.0 倍后，再按设计要求锁定；

④ 锚杆张拉控制应力不应超过锚杆杆体强度标准值的 0.75 倍。

为减小对邻近锚杆的影响，又不影响施工进度，采用“隔二拉一”的方法。

张拉采用分级加载，每级加载原应稳定 3min，最后一级加载应稳定 5min。

施工中还应做好张拉记录。

3）张拉预应力的损失

加预应力的锚杆，要正确估算预应力损失。由于土层锚杆与一般预应力结构不同，导致预应力损失的因素主要有：

① 张拉时由于摩擦造成的预应力损失；

② 锚固时由于锚具滑移造成的预应力损失；

③ 钢材松弛产生的预应力损失；

④ 相邻锚杆施工引起土层压缩而造成的预应力损失；

⑤ 支护结构（板桩墙等）变形引起的预应力损失；

⑥ 土体蠕变引起的预应力损失；

⑦ 温度变化造成的预应力损失。

上述七项预应力损失，将结合工程具体情况进行计算。

1.3.4　质量标准

拉锚安装质量要求根据设计要求及规范要求确定。通常钻孔长度比锚杆长度增加 200～400mm。锚固体水泥浆强度达到设计强度。

孔位允许偏差不大于 100mm；偏斜度不大于 3%；锚固段强度大于 15MPa 并达到设

计强度75%方可张拉。

1.4 土方工程—机械挖土

护坡形式为土钉墙时，通常采用大小步结合开挖方法。首先，完成小步的开挖后，再向中心区域完成1大步开挖；然后，按此顺序完成下方的土方开挖，预留300mm土层；最后，人工清土至槽底。分层厚度按照现场实际条件和土钉墙的设计方案综合考虑确定。冬期施工必须防止基础下的土遭受冻结。应预留松土或覆盖，见图1-36。

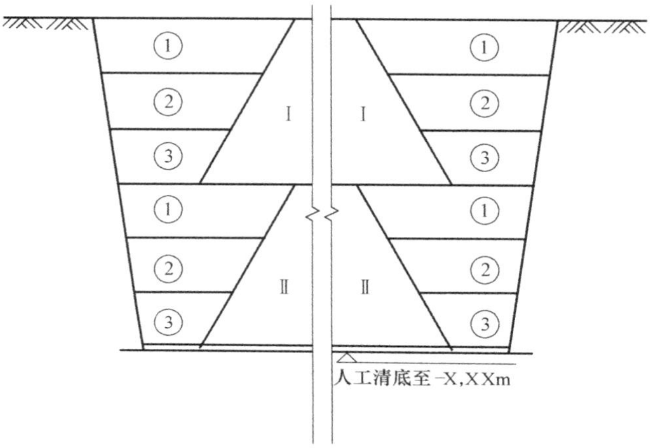

图1-36 机械挖土顺序

（1）土方机械化开挖应根据基础形式、工程规模、开挖深度、地质、地下水情况、土方量、运距、现场和机具设备条件、工期要求以及土方机械的特点等合理选择挖土机械，以充分发挥机械效率，节省机械费用，加速施工进度。土方机械化施工常用机械有：推土机、铲运机、挖掘机（包括正铲、反铲、拉铲、抓铲等）装载机等，一般常用土方机械的生产能力选择可参考表1-2。

常用土方机械的生产能力与选择 **表1-2**

机械名称	特性	作业特点及辅助机械		适用范围
推土机	操作灵活、运转方便，需工作面小，可挖土、运土，易于转移，行驶速度快，应用广泛	1. 作业特点	(1)推平； (2)运距100m内的堆土(效率最高为60m)； (3)开挖浅基坑； (4)推送松散的硬土、岩石； (5)回填、压实； (6)配合铲运机助护； (7)牵引； (8)下坡坡度最大35°，横坡最大为10°，几台同时作业，前后距离应>8m	(1)推一至四类土； (2)找平表面，场地平整； (3)短距离移挖作填，回填基坑(槽)管沟并压实； (4)开挖深≤1.5m的基坑(槽) (5)堆筑高1.5m内的路基、堤坝； (6)拖羊足碾； (7)配合挖土机从事集中土方、清理场地、修路开道等
		2. 辅助机械	土方挖后运出需配备装土、运土设备，推挖三～四类土，应用松土机预先翻松	

续表

机械名称	特性	作业特点及辅助机械		适用范围
铲运机	操作简单灵活，不受地形限制，不需特设道路，准备工作简单，能独立工作，不需其他机械配合能完成铲土、运土、卸土、填筑、压实等工序，行驶速度快，易于转移；需用劳力少，动力少，生产效率高	1. 作业特点	(1)大面积整平； (2)开挖大型基坑、沟渠； (3)运距800～1500m内的挖运土（效率最高为200～300m）； (4)填筑路基、堤坝； (5)回填压实土方； (6)坡度控制在20°以内	(1)开挖含水率27%以下的一至四类土； (2)大面积场地平整、压实； (3)运距800m内的挖运土方； (4)开挖大型基坑(槽)、管沟，填筑路基等。但不适于砾石层、冻土地带及沼泽地区使用
		2. 辅助机械	开挖坚土时需用推土机助铲，开挖三～四类土，宜先用松土机预先翻松20～40cm；自行式铲运机用轮胎行驶，适合于长距离，但开挖宜须用助铲	
正铲挖掘机	装车轻便灵活，回转速度快，移位方便，能挖掘坚硬土层，易控制开挖尺寸，工作效率高	1. 作业特点	(1)开挖停机面以上土方； (2)工作面应在1.5m以上； (3)开挖高度超过挖土机挖掘高度时，可采取分层开挖； (4)装车外运	(1)开挖含水率≤27%的一至四类土和经爆破后的岩石与冻土碎块； (2)大型场地整平土方； (3)工作面狭小且较深的大型管沟和基槽路堑； (4)独立基坑； (5)边坡开挖
		2. 辅助机械	土方外运应配备自卸汽车，工作面应有推土机配合平土、集中土方进行联合作业	
反铲挖掘机	操作灵活，挖土、卸土均在地面作业，不用开运输道	1. 作业特点	(1)开挖地面以下深度不大的土方； (2)最大挖土深度4～6m，经济合理深度为1.5～3m； (3)甩土、堆放； (4)较大较深基坑可用多层接力挖土	(1)开挖含水量大的一至三类的砂土或黏土； (2)管沟和基槽； (3)独立基坑； (4)边坡开挖
		2. 辅助机械	土方外运应配备自卸汽车，工作面应有推土机配合推到附近堆放	
拉铲挖掘机	可挖深坑，挖掘半径及卸载半径大，操纵灵活性较差	1. 作业特点	(1)开挖停机面以下土方； (2)可装车和甩土； (3)开挖截面误差较大； (4)可将土甩在基坑(槽)两边较远处堆放	(1)挖掘一至三类土，开挖较深较大的基坑(槽)、管沟； (2)大量外运土方； (3)填筑路基、堤坝； (4)挖掘河床； (5)不排水挖取水中泥土
		2. 辅助机械	土方外运须配备自卸汽车，推土机，创造施工条件	

续表

机械名称	特性	作业特点及辅助机械		适用范围
抓铲挖掘机	钢绳牵拉灵活性较差，工效不高，不能挖掘坚硬土，可以装在简易机械上工作，使用方便	1. 作业特点	（1）开挖直井或沉井土方； （2）可装车或甩土； （3）徘水不良也能开挖； （4）吊杆倾斜角度应在45°以上，距边坡应≥2m	（1）土质比较松软，施工面较狭窄的深基坑，基槽； （2）水中挖取土，清理河床； （3）桥基、桩孔挖土； （4）装卸散装材料
		2. 辅助机械	土方外运时，按运距配备自卸汽车	
装载机	操作灵活，回转移位方便、快速，可装卸土方和散料，行驶速度快	1. 作业特点	（1）开挖停机面以上土方； （2）轮胎式只能装松散土方，履带式可装较实土方； （3）松散材料装车； （4）吊运重物，用于铺设管道	（1）外运多余土方； （2）履带式改换挖斗时，可用于开挖； （3）装卸土方和散料； （4）松散土的表面剥离； （5）地面平整和场地清理等工作； （6）回填土； （7）拔除树根
		2. 辅助机械	土方外运需配备自卸汽车，作业面须经常用推土机平整并推松土方	

一般而言，深度不大的大面积基坑开挖，宜采用推土机或装载机推土、装土，用自卸汽车运土；对长度和宽度均较大的大面积土方一次开挖，可用铲运机铲土、运土、卸土、填筑作业；对面积不大但较深的基础多采用 $0.5m^3$ 或 $1.0m^3$ 斗容量的液压正铲挖掘机，上层土方也可用铲运机或推土机进行；如操作面狭窄，且有地下水，土体湿度大，可采用液压反铲挖掘机挖土，自卸汽车运土；在地下水中挖土，可用拉铲，效率较高。

（2）土方开挖原则及控制要点

土方开挖的顺序、方法必须与设计要求相一致，并遵循“开槽支撑，先撑后挖，分层开挖，严禁超挖”的原则。

基坑边界周围地面应设排水沟，对坡顶、坡面、坡脚采取降排水措施。

浅基坑的开挖：

1）浅基坑开挖，应先进行测量定位，抄平放线，定出开挖长度，按放线分块（段）分层挖土。根据土质和水文情况，采取在四周或两侧直立开挖或放坡，保证施工操作安全。

2）当开挖基坑土体含水量大而不稳定，或基坑较深，或受到周围场地限制而需用较陡的边坡或直立开挖而土质较差时，应采用临时性支撑加固。挖土时，土壁要求平直，挖好一层，支一层支撑。开挖宽度较大的基坑，当在局部地段无法放坡，或下部土方受到基坑尺寸限制不能放较大坡度时，应在下部坡脚采取加固措施，如采用短桩与横隔板支撑或砌砖、毛石或用编织袋、草袋装土堆砌临时矮挡土墙，保护坡脚。

3）相邻基坑开挖时，应遵循先深后浅或同时进行的施工程序。挖土应自上而下水平分段分层进行，边挖边检查坑底宽度及坡度，不够时及时修整，至设计标高，再统一进行一次修坡清底，检查坑底宽度和标高。

4）基坑开挖应尽量防止对地基土的扰动。当用人工挖土，基坑挖好后不能立即进行下道工序时，应预留 15～30cm 一层土不挖，待下道工序开始再挖至设计标高。采用机械开挖基坑时，为避免破坏基底土，应在基底标高以上预留一层结合人工挖掘修整。使用铲运机、推土机时，保留土层厚度为 15～20cm，使用正铲、反铲或拉铲挖土时为 20～30cm。

5）在地下水位以下挖土，应在基坑四周挖好临时排水沟和集水井，或采用井点降水，将水位降低至坑底以下 50cm，以利挖方进行。降水工作应持续到基础（包括地下水位下回填土）施工完成。

6）雨期施工时，基坑应分段开挖，挖好一段浇筑一段垫层，并在基坑四围以土堤或挖排水沟，以防地面雨水流入基坑内；同时，应经常检查边坡和支撑情况，以防止坑壁受水浸泡，造成塌方。

7）基坑开挖时，应对平面控制桩、水准点、基坑平面位置、水平标高、边坡坡度等经常复测检查。

8）基坑挖完后应进行验槽，做好记录；如发现地基土质与地质勘探报告、设计要求不符时，应与有关人员研究及时处理。

1.5 土方工程—人工回填

1.5.1 回填土分层铺摊

工艺说明：填土分层虚铺厚度和压实遍数应符合规定。当分段回填时，接缝处每层应错开 1m 以上。冬期回填每层铺土厚度应比正常施工时减少 20%～25%，其中冻土含量不得超过 15%，其粒径不大于 150mm，常温回填土粒径不大于 50mm，见图 1-37。

图 1-37 回填土分层摊铺

回填前需找好土源，淤泥、腐殖土、耕植土和有机含量大于 8%的土，不得作为回填土，回填前检验回填土的含水率是否最优（检验方法为：用手将灰紧捏成团，两指轻捏即碎）。

若含水率偏高，可采用翻松、晾晒或均匀掺入干土等措施；若含水率偏低，采取预先洒水润湿等措施。抄好标高，严格控制回填土厚度、标高和平整度。

1）填土前应将基坑（槽）底或地坪上的垃圾等杂物清理干净；肥槽回填前，必须清理到基础底面标高，将回落的松散垃圾、砂浆、石子等杂物清除干净。

2）检验回填土的质量有无杂物，粒径是否符合规定，以及回填土的含水量是否在控制的范围内；如含水量偏高，可采取翻松、晾晒或均匀掺入干土等措施；如含水量偏低，可采取预先洒水润湿等措施。

3）回填土应分层铺摊。每层铺土厚度应根据土质、密实度要求和机具性能确定。一般蛙式打夯机每层铺土厚度为200～250mm；人工打夯不大于200mm。每层铺摊后，随之耙平。

4）回填土每层至少夯打三遍。打夯应一夯压半夯，夯夯相接，行行相连，纵横交叉。并且严禁采用水浇使土下沉的所谓“水夯”法。

5）深浅两基坑（槽）相连时，应先填夯深基础；填至浅基坑相同的标高时，再与浅基础一起填夯。如必须分段填夯时，交接处应填成阶梯形，梯形的高宽比一般为1∶2。上下层错缝距离不小于1.0m。

6）基坑（槽）回填应在相对两侧或四周同时进行。基础墙两侧标高不可相差太多，以免把墙挤歪；较长的管沟墙，应采用内部加支撑的措施，然后再在外侧回填土方。

7）回填土每层填土夯实后，应按规范规定进行环刀取样，测出干土的质量密度；达到要求后，再进行上一层的铺土。

8）修整找平：填土全部完成后，应进行表面拉线找平，凡超过标准高程的地方，及时依线铲平；凡低于标准高程的地方，应补土夯实。

1.5.2 管道处回填

回填管沟时，为防止管道中心线位移或损坏管道，应用人工先在管子两侧填土夯实；并应由管道两侧同时进行，直至管顶0.5m以上时，在不损坏管道的情况下，方可采用蛙式打夯机夯实。在抹带接口处，防腐绝缘层或电缆周围，应回填细粒料，见图1-38。

管道以上500mm外，正常使用机械夯实。冬期回填管沟底至管顶0.5m范围内不得使用含有冻土的回填土。

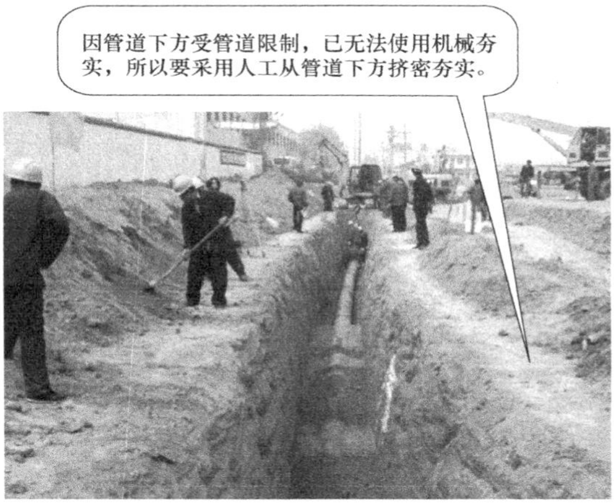

因管道下方受管道限制，已无法使用机械夯实，所以要采用人工从管道下方挤密夯实。

图1-38 管道处回填

1.5.3 土方填筑与压实

（1）填方的边坡坡度应根据填方高度、土的种类和其重要性确定。对使用时间较长的临时性填方边坡坡度，当填方高度<10m时，可采用1∶1.5；超过10m，可做成折线形，上部采用1∶1.5，下部采用1∶1.75。（上部陡、下部缓）

（2）填土应从场地最低处开始，由下而上整个宽度分层铺填。每层虚铺厚度应根据夯实机械确定，一般情况下每层虚铺厚度见表1-3。

（3）填方应在相对两侧或周围同时进行回填和夯实。

（4）填土应尽量采用同类土填筑，填方的密实度要求和质量指标通常以压实系数表示。压实系数＝土的控制（实际）干土密度 ρ_d ÷最大干土密度 ρ_{dmax}。最大干土密度 ρ_{dmax} 是当最优含水量时，通过标准的击实方法确定的。填土应控制土的压实系数 λ_c 满足设计要求。

填土施工分层厚度及压实遍数 **表 1-3**

压实机具	分层厚度(mm)	每层压实遍数(次)
平碾	250～300	6～8
振动压实机	250～350	3～4
柴油打夯机	200～250	3～4
人工打夯	<200	3～4

2 地基与基础

2.1 基础筏板后浇带留置

（1）材料：钢板止水带、钢板网、木模板、钢筋。

（2）工具：电焊机、铁皮剪子、电锯。

（3）工序：焊接附加钢筋→安装止水钢板→裁剪、安装钢板网→安装、加固模板。

（4）工艺方法：根据筏板厚度、止水带位置，沿止水钢板长度方向中心点焊 $\phi12$ 附加钢筋，间距 300～500mm。

将附加钢筋与筏板上下层钢筋连接以固定止水钢板，止水钢板槽口应朝向迎水面。根据止水钢板位置及筏板厚度裁剪钢板网，在止水钢板的上下部位安装钢板网，钢板网位于附加钢筋内侧并与筏板钢筋绑扎。

在钢板网的外侧支设模板，模板上口根据钢筋间距锯出槽口，控制好钢筋保护层厚度及钢筋间距，支撑加固方木间距不大于 500mm。

（5）控制要点：止水钢板、钢板网的安装，模板支撑。

（6）质量要求：后浇带宽度允许偏差±10mm。止水钢板固定顺直。

（7）做法详图见图 2-1、图 2-2。

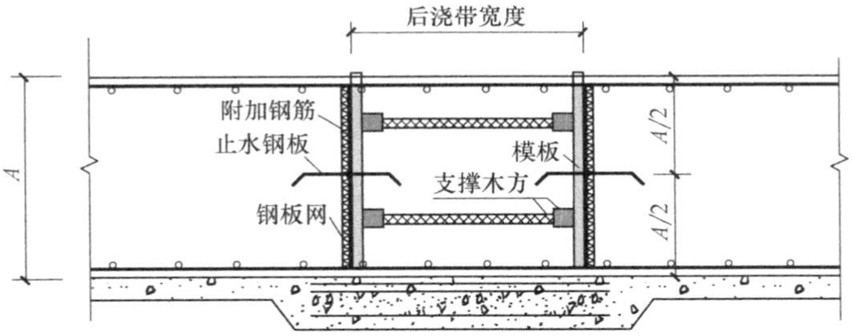

图 2-1 筏板后浇带留置施工示意图

图 2-2 筏板后浇带留置实例图

2.2 地下室外墙新型止水螺杆

（1）材料：模板、止水螺杆、干硬性防水砂浆、膨胀剂、水泥基防水涂料。

（2）工具：榔头、扳手、柱形刷、抹子、捣棍、灰板、刷子。

（3）工序：安装内侧模板→安装螺杆→安装外侧模板→浇筑混凝土→拆模→清孔→干硬性防水砂浆填堵→刷防水涂料。

（4）工艺方法：按照模板控制线支设好地下室外墙内侧模板。在模板上开孔，开孔位置应避开钢筋，间距400～500mm，安装新型中间防水两端可拆卸重复利用止水螺杆。在外侧模螺杆对应位置开孔并安装外侧模板。分层浇筑混凝土，每层厚度≤600mm。

松掉螺帽及拆除模板加固用设施料，用扳手卸掉螺杆两端可周转使用部分，拆除模板。用柱形刷清理孔内杂物，并在施工前3h喷水湿润。填塞微膨胀干硬性防水砂浆与墙面齐平。表面刷一道水泥基防水涂料，洒水养护不少于3d。

（5）控制要点：加固、浇筑、清孔、填塞、防水。

（6）质量要求：螺栓孔端头填塞密实，防水处理到位。

（7）做法详图见图2-3～图2-5。

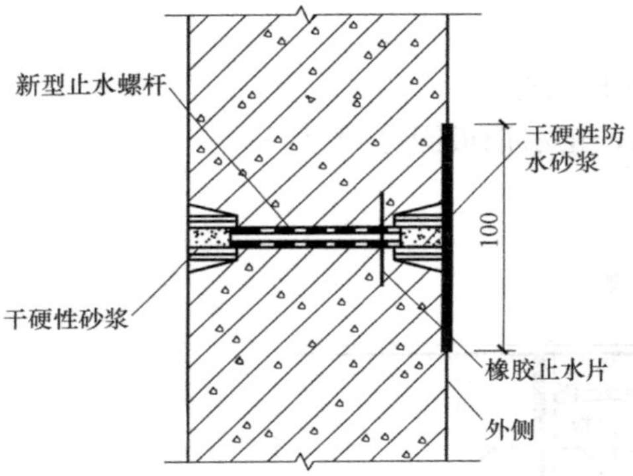

图2-3 螺栓孔封堵剖面示意图

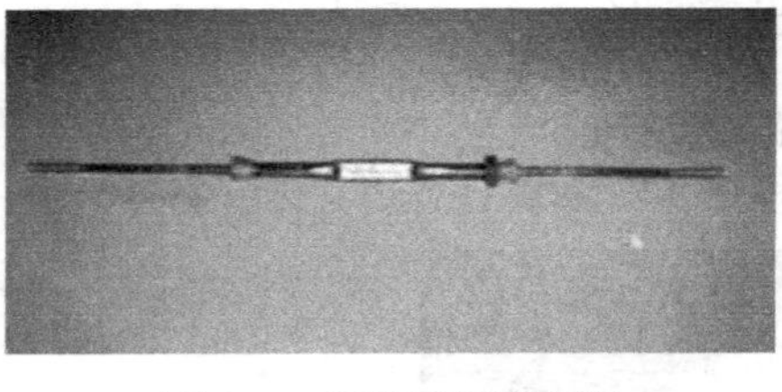

图2-4 新型螺杆实物图

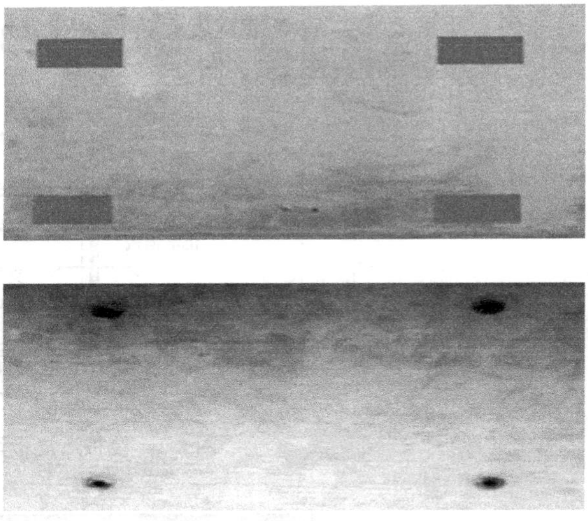

图2-5 螺栓孔封堵实例图

2.3 灌注桩免桩间土开挖施工

（1）材料：混凝土。

（2）工具：测量仪、墨斗、线绳、风镐、桩头定型模具、切割机、旋挖机。

（3）工序：土方开挖→垫层施工→桩基定位→桩位垫层破除→桩顶模板支设→混凝土浇筑→模板拆除。

（4）施工方法：桩基施工前土方开挖至垫层底标高施工混凝土垫层。先施工垫层后施工桩的方法（可有效控制虚桩长度、免桩间图开挖）垫层厚度一般不小于200mm，垫层顶标高比设计桩顶标高底100mm。在施工完成的垫层上逐根弹线定位工程桩，放线尺寸比桩设计尺寸大50mm。

采用切割机、风镐对放线内垫层混凝土破除后，支设桩顶定型模板（比设计桩顶标高高150～200mm），浇筑桩基混凝土至模板顶面，浇筑时，应在桩顶位置加强振捣，消除顶部混凝土浮浆。拆除模板清理表面桩顶及混凝土垫层表面，达到防水施工基层要求。

（5）控制要点：垫层厚度、桩顶标高。

（6）质量要求：桩顶标高允许偏差为＋20mm，－30mm，桩位偏差为正负30mm。

（7）做法详图见图2-6。

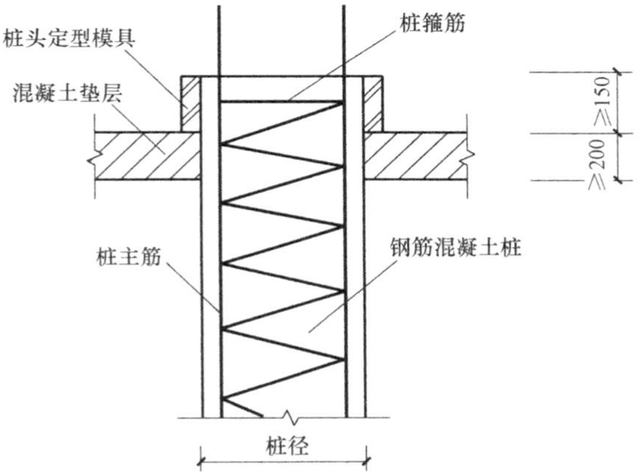

图2-6　桩体细部做法

图2-7　先施工垫层后施工桩实例图

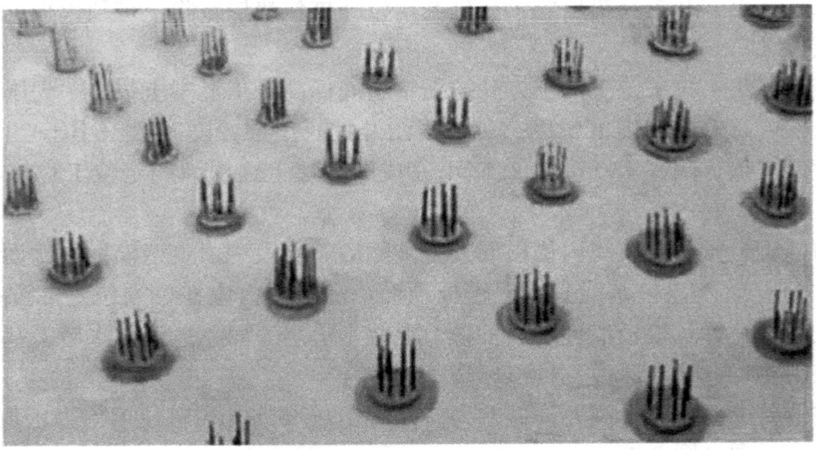

图 2-7　先施工垫层后施工桩实例图（续）

2.4　剪力墙后浇带预制盖板封堵

（1）材料：防水砂浆、预制盖板、防水卷材。

（2）工具：电动葫芦、电焊机、钢卷尺、抹子、线绳。

（3）工序：盖板预制→后浇带处理→盖板安装→抹面→防水→回填。

（4）工艺方法：地下室剪力墙后浇带可采用预制盖板封堵、提早回填的方法进行施工，封堵盖板比后浇带宽不小于 200mm，厚度应具有防水及抗回填土侧压力的能力。

安装前后浇带周边接触处应清理干净，根部防水卷材应进行保护。

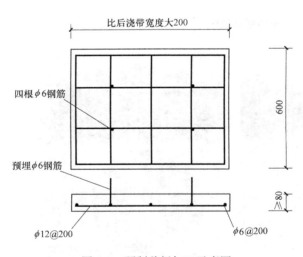

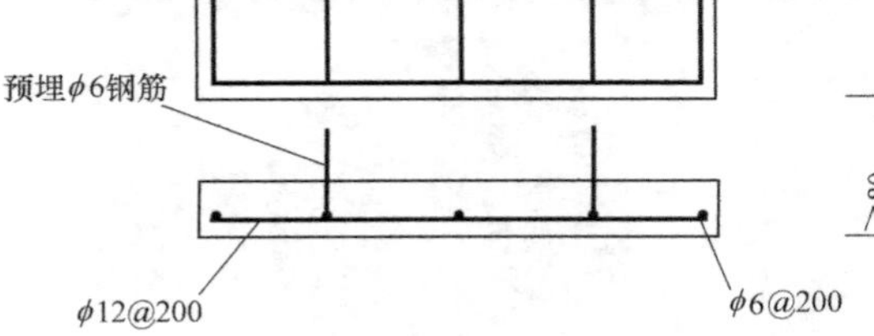

图 2-8　预制盖板加工示意图

找平后人工或电葫芦吊装安装第一块盖板，盖板预埋钢筋应与后浇带钢筋焊接牢固，盖板与基层及相互间坐浆饱满，依次安装预制盖板至剪力墙顶部。盖板表面采用防水砂浆抹压密实平整。

防水附加层施工完大面积进行防水层施工。

防水满足要求后进行基坑周边回填土施工。

（5）控制要点：预制盖板厚度、宽度、防水。

（6）质量要求：预制盖板安装牢固，防水可靠。

（7）做法详图见图 2-8～图 2-10。

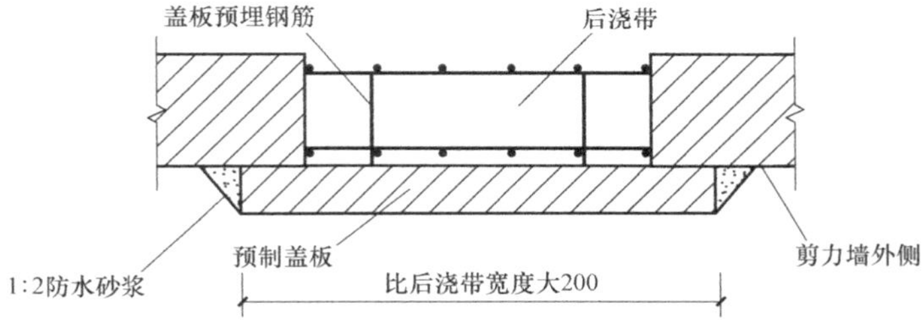

图 2-9 地下室后浇带预制盖板安装示意图

图 2-10 地下室后浇带预制盖板安装实例图

2.5 基础根部卷材防水接头处理

(1) 材料：防水卷材、胶粘剂。

(2) 工具：喷枪（灯）、刷子、壁纸刀、铲刀。

(3) 工序：平面卷材铺贴→混凝土施工→基层处理→立面卷材铺贴→保护层施工。

(4) 工艺方法：基础根部卷材先铺平面，后铺立面。平面卷材伸出基础外沿尺寸不小于 300mm，相邻卷材长短交错，错开尺寸不小于 300mm。混凝土基础施工完成后铺贴立面卷材时，

阴阳角处应为圆弧角，直径应大于 50mm，应将接槎部位卷材揭开应清理干净，并对破损处修补。立面卷材相邻接头及上下层接头应相互错开不小于 300mm，搭接长度合成高分子卷材不小于 100mm，铺贴时卷材接头上部压下部，筏板导墙顶部接茬处应设防水

附加层。

保护层应及时铺贴到位，防止划伤防水层。

（5）控制要点：接头错槎、接茬顺序、甩出长度。

（6）质量要求：防水卷材铺贴牢固、严密。

（7）做法详图见图 2-11、图 2-12。

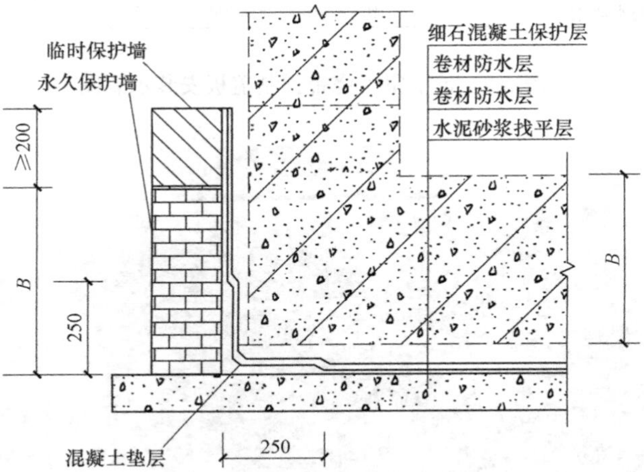

图 2-11　基础根部卷材收头示意图

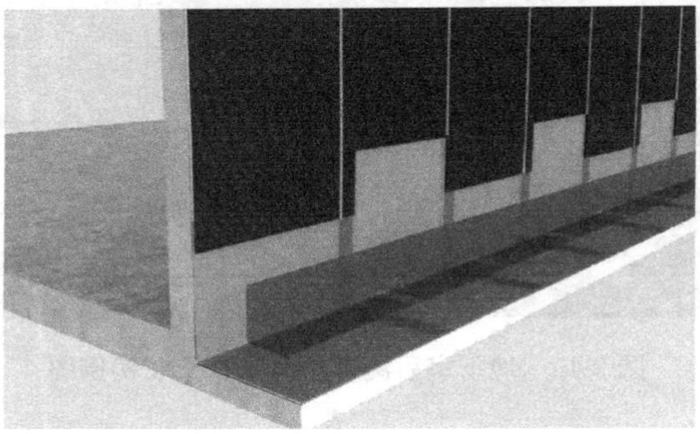

图 2-12　基础根部卷材收头效果图

3 防 水 工 程

3.1 防水工程的分类及作用

1. 防水工程的分类

防水工程就土木工程类别来说，分建筑物和构筑物防水；就防水工程的部位来说，分地上防水工程和地下防水工程；就渗漏流向来说，分防外水内渗和防内水外漏。防水工程的分类按其采取的措施和手段不同，分为材料防水和构造防水两大类。

2. 材料防水

材料防水是依靠防水材料经过施工形成整体防水层阻断水的通路，以达到防水的目的或增强抗渗漏水的能力。材料防水按采用材料的不同，分为柔性防水和刚性防水两大类。柔性防水又分卷材防水和涂膜防水，均采用柔性防水材料，主要包括各种防水卷材和防水涂料，经施工将防水材料附着在防水工程的迎水面，达到防水目的。刚性防水指混凝土防水，其采用的材料主要有普通细石混凝土、补偿收缩混凝土和块体刚性材料等。混凝土防水是依靠增强混凝土的密实性及采取构造措施达到防水目的。

3. 构造防水

构造防水是采取正确与合适的构造形式阻断水的通路和防止水侵入室内的统称。如对墙板的接缝，各种部位、构件之间设置的温度缝、变形缝，以及节点细部构造的防水处理均属构造防水。其采取的措施，主要有空腔构造防水和使用各类接缝密封材料。构造防水有以下一些基本做法。平屋面工程采用混凝土防水或块体刚性防水时，除依靠基面坡度排水外，防水面层设置分格缝，在所有节点构造部位设置变形缝，并在所有缝间嵌填密封材料或铺设柔性防水材料进行处理，可适应由于基层结构应力和温度应力产生结构层变形出现开裂引起的渗漏。大型墙板的板缝采用空腔防水是防水处理的一种主要形式。空腔防水有垂直缝、滴水水平缝和企口平缝等构造形式。它可使板缝内部的空腔利用垂直和水平减压的作用，借助水的重力，切断板缝的毛细管通路，以排出雨水。地下室变形缝的防水处理，通常视水压的高低及有无受侵蚀和经受高温的条件，选用各种填缝材料、嵌缝材料，以及橡胶、塑料、紫铜板和不锈钢板制成的止水带，组成能适应沉降、伸缩的构造，以达到防水的目的。

3.2 防水工程—底板及地下室外墙防水

3.2.1 混凝土防水

（1）适用于防水等级为一～四级的地下整体式混凝土结构。不适用环境温度高于80℃或处于耐侵蚀系数小于0.8的侵蚀性介质中使用的地下工程。

图 3-1 防水混凝土浇筑

注：耐侵蚀系数是指在侵蚀性水中养护 6 个月的混凝土试块的抗折强度与在饮用水中养护 6 个月的混凝土试块的抗折强度之比。

（2）防水混凝土所用的材料应符合下列规定：

a 水泥品种应按设计要求选用，其强度等级不应低于 32.5 级，不得使用过期或受潮结块水泥；

b 碎石或卵石的粒径宜为 5～40mm，含泥量不得大于 1.0%，泥块含量不得大于 0.5%；

c 砂宜用中砂，含泥量不得大于 3.0%，泥块含量不得大于 1.0%；

d 拌制混凝土所用的水，应符合《混凝土用水标准》JGJ 63，采用不含有害物质的洁净水；

e 外加剂的技术性能，应符合国家或行业标准一等品及以上的质量要求；

f 粉煤灰的级别不应低于Ⅱ级，烧失量不应大于 5%，掺量不宜大于 20%；硅粉掺量不应大于 3%，其他掺合料的掺量应通过试验确定。

（3）防水混凝土的配合比应符合下列规定：

a 试配要求的抗渗水压值应比设计值提高 0.2MPa；

b 胶凝材料（水泥＋矿物掺合料）总用量不得少于 320kg/m^3；掺有活性矿物掺合料时，水泥用量不得少于 260kg/m^3；

c 砂率宜为 35%～45%，灰砂比宜为 1∶1.5～1∶2.5；

d 水胶比不得大于 0.5；

e 普通防水混凝土坍落度不宜大于 50mm，泵送时入泵坍落度值为 120～160mm。

（4）混凝土拌制和浇筑过程控制应符合下列规定：

a 拌制混凝土所用材料的品种、规格和用量，每工作班检查不应少于两次。

b 每盘混凝土各组成材料计量结果的偏差应符合表 3-1 的规定。

混凝土组成材料计量结果允许偏差（%） **表 3-1**

混凝土组成材料	每盘计量	累计计量
粗、细骨料	±3	±2
水、外加剂	±2	±1
水泥、掺合料	±2	±1

因为防水混凝土的特殊性，在浇筑完成后，应对混凝土进行养护：常温（20～25℃）浇筑后 6～10h 草苫覆盖浇水养护，要保持混凝土表面湿润，养护时间不少于 14d，见图 3-2。

冬期施工应根据冬施规定对原材料进行加热，以保证混凝土入模温度不低于 5℃，并应采用综合蓄热法保温养护，冬期施工还应掺入经质量认证的防冻剂等混凝土外加剂，以提高混凝土的使用效果，见图 3-3。

混凝土浇筑完成后，先用草苫进行覆盖，然后再进行浇水养护，这样可以使水分散失减慢，达到养护和节水的双重目的。

图 3-2 草苫覆盖养护

掺防冻剂、早强剂或复合型早强外加剂的混凝土浇筑后，利用原材料加热及水泥水化放热，并采取适当保温措施延缓混凝土冷却，使混凝土温度降到0℃以前达到受冻临界强度的施工方法。

图 3-3 综合蓄热法养护

3.2.2 底板及地下室外墙卷材防水

工艺说明：

底板垫层混凝土平面部位的卷材宜采用空铺法或点粘法，其他与混凝土结构相接触的部位应采用满粘法；卷材接缝必须粘贴严密，接缝口应用密封材料封严，其宽度不应小于10mm；在立面与平面的转角处，卷材的接缝应留在平面上，距立面不应小于600mm；阴阳角处找平层应做成圆弧或45°（135°）坡角，并应增加1层相同的卷材，宽度不宜小于500mm。

防水基层必须平整、牢固，铺贴卷材前应使基层表面干燥，基层含水率小于9%，新作业面施工前先用简易法测基层含水率，即用1m² 的卷材覆盖4h后察看凝结水情况，若无凝结水即可进行卷材的铺贴，见图3-4。

图 3-4 底板垫层防水

3.2.3 地下室外墙水泥基渗透结晶型涂料防水

工艺说明：

（1）混凝土基面处理

检查混凝土结构，找出结构中需要加强的部位，修补需要补强的部位，找平基面。用钢丝毛刷去除基面上的油物、脱膜剂等附着物质，保持基面的清洁，特别光滑的水泥基面需要打毛处理，处理后用水清洗基面即可。

（2）湿润基面

喷水，对将要施工的基面进行湿润处理，直至无吸水即可，但基面不能有明显的积水。

（3）涂刷

根据水泥基渗透结晶型防水材料粉剂与水的配比（质量比）将两者倒入容器中混合搅拌，搅拌必须充分均匀无结块后才可使用，搅拌混合后的材料应在搅拌起 30min 内用完，使用过程中禁止加水。

施工时应根据材料要求使用泥刀抹刮或者硬毛刷子沾料涂刷，抹刮或者涂刷时均需要用力将材料均匀涂刷到潮湿的混凝土基面上，如使用涂刷法则需分两次进行施工，涂刷第一遍涂料后 4h 左右进行第二遍涂刷，在防水材料终凝前可用浆刀收光表面，以达到更好的防水、防渗效果，见图 3-5。

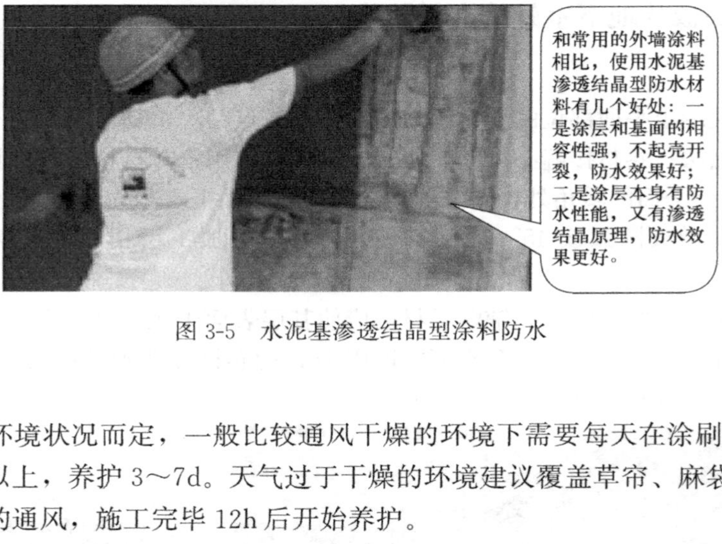
和常用的外墙涂料相比，使用水泥基渗透结晶型防水材料有几个好处：一是涂层和基面的相容性强，不起壳开裂，防水效果好；二是涂层本身有防水性能，又有渗透结晶原理，防水效果更好。

图 3-5　水泥基渗透结晶型涂料防水

（4）养护

根据施工环境状况而定，一般比较通风干燥的环境下需要每天在涂刷 CCCW 的表面喷洒清水 3 次以上，养护 3～7d。天气过于干燥的环境建议覆盖草帘、麻袋片湿润加以保护。需要适当的通风，施工完毕 12h 后开始养护。

3.2.4　底板及地下室外墙聚氨酯涂膜防水

聚氨酯涂膜施工工艺流程：（1）清扫基层；（2）涂刷底胶；（3）细部附加层；（4）第一层涂膜；（5）第二层涂膜；（6）第三层涂膜和粘石渣。

（1）清扫基层：用铲刀将粘在找平层上的灰皮除掉，用扫帚将尘土清扫干净，尤其是管根、地漏和排水口等部位要仔细清理。如有油污时，应用钢丝刷和砂纸刷掉或以中介漆加水泥在油污表层涂刷一道。表面必须平整，凹陷处要用 1∶3 水泥砂浆找平（见图 3-6）。

（2）涂刷底胶：将聚氨酯甲、乙两组分和二甲苯按 1∶1.5∶2 的比例（重量比）配合搅拌均匀，即可使用。用滚动刷或油漆刷蘸底胶均匀涂刷在基层表面，不得过薄也不得过厚，涂刷量以 0.2kg/m^2 左右为宜。涂刷后应干燥 4h 以上，才能进行下一工序的操作。

（3）细部附加层：将聚氨酯涂膜防水材料按甲组分∶乙组分＝1∶1.5 的比例混合搅

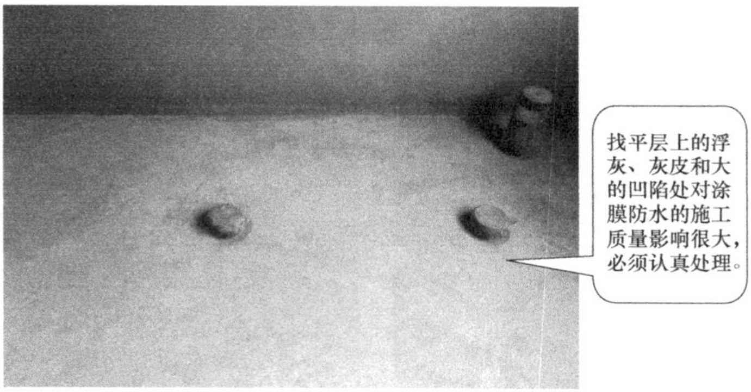
找平层上的浮
灰、灰皮和大
的凹陷处对涂
膜防水的施工
质量影响很大，
必须认真处理。

图 3-6 管根、地漏处清理干净

拌均匀，用油漆刷蘸涂料在地漏、管道根、阴阳角和出水口等容易漏水的薄弱部位均匀涂刷，不得漏刷（地面与墙面交接处，涂膜防水拐墙上做 100mm 高）。

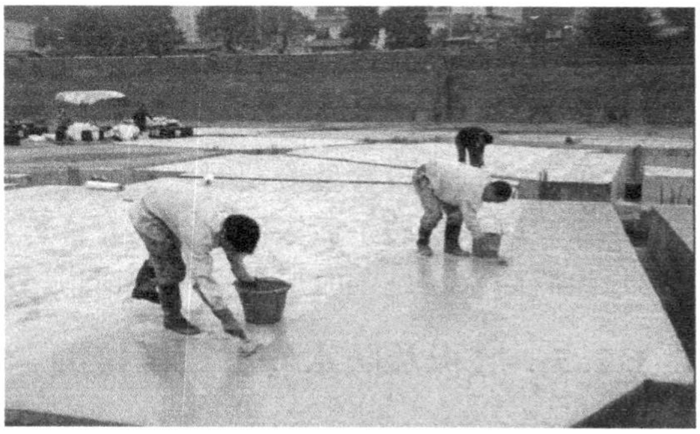

图 3-7 涂刷聚氨酯涂膜

（4）第一层涂膜：将聚氨酯甲、乙两组分和二甲苯按 1∶1.5∶0.2 的比例（重量比）配合后，倒入拌料桶中，用电动搅拌器搅拌均匀（约 5min），用橡胶刮板或油漆刷刮涂一层涂料，厚度要均匀一致，刮涂量以 0.8～1.0kg/m^2 为宜，从内往外退着操作，见图 3-7。

（5）第二层涂膜：第一层涂膜后，涂膜固化到不粘手时，按第一遍材料配比方法，进行第二遍涂膜操作，为使涂膜厚度均匀，刮涂方向必须与第一遍刮涂方向垂直，刮涂量与第一遍相同。

（6）第三层涂膜：第二层涂膜固化后，仍按前两遍的材料配比搅拌好涂膜材料，进行第三遍刮涂，刮涂量以 0.4～0.5kg/m^2 为宜，涂完之后未固化时，可在涂膜表面稀撒干净的 $\phi 2$～$\phi 3$mm 粒径的石渣，见图 3-8。

施工缝、墙面的管根、阴阳角、变形缝等细部薄弱环节，应先做一层加层。将已搅拌好的聚氨酯涂膜防水材料用塑料或橡胶刮板均匀涂刮在已涂好底胶的基层表面，刮两遍，总厚度为 1.2～2.0mm。外墙防水接槎时，应将砖墙拆除两层。

涂膜防水做完，经检查验收合格后可进行蓄水试验，24h 无渗漏，方可进行保护层施工，见图 3-9。

施工注意事项：

1）施工温度应在 5～35℃；

2）调配好的浆料要在 0.5～1h 内用完；

3）寒冷地区或低温条件下应注意产品的防冻贮存，液体组分的贮存温度不低于 0℃；

4）使用时，勿在本产品中掺入水分或其他材料；

5）已涂刷好的涂膜防水层，应及时采取保护措施，不得损坏，操作人员不得穿钉子

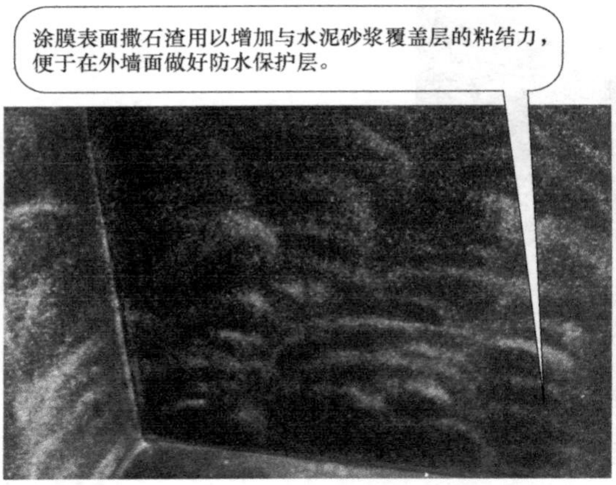

涂膜表面撒石渣用以增加与水泥砂浆覆盖层的粘结力，
便于在外墙面做好防水保护层。

图 3-8　涂膜表面撒石渣

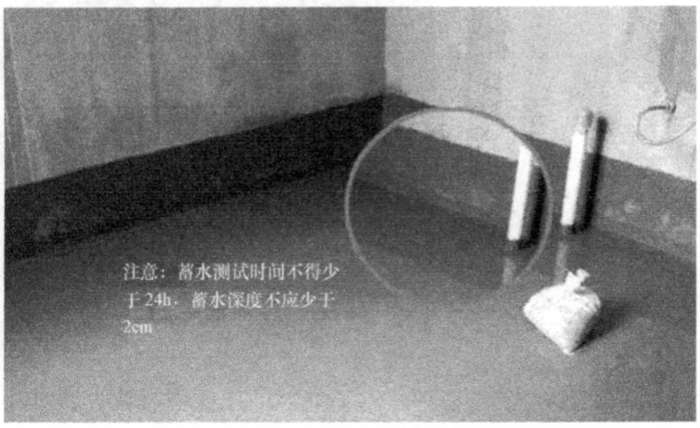

图 3-9　防水施工后蓄水试验

鞋作业；

6）穿过地面、墙面等处的管根、地漏不得碰损变位；

7）地漏、排水口等处应及时保护覆盖，保护畅通，禁止堵塞；

8）涂膜防水层施工后未固化前不允许行走踩踏；

9）涂膜防水层施工时应注意保护窗口、墙面等成品，防止污染。

3.2.5　底板及防水卷材错槎接缝

工艺说明：

两幅卷材的搭接长度，长边与短边均不应小于 100mm。上下两层和相邻两幅卷材接缝应错开 1/3 幅宽，上下层卷材不得相互垂直铺贴。阴角及附加层做法同底板及地下室外墙防水。

高聚物改性沥青热熔卷材在搭接缝施工时应充分加热，及时进行排气、辊压，使缝口有沥青胶溢出，并及时刮抹封口，见图 3-10。

卷材防水层是通过卷材在施工现场搭接形成整体防水层的，因此搭接缝施工质量是卷材防水层成败的关键。

图 3-10　卷材铺贴

合成高分子卷材的搭接缝应采用卷材生产厂家配套的专用接缝胶粘剂粘结，胶粘剂质量应符合有关规范的要求。施工时先将搭接的卷材翻起并临时固定。将卷材接缝胶粘剂用刷子均匀涂刷在上下层卷材的粘结面，待手指触胶不粘手时，再用手一边压合，一边由内向外驱除空气。粘合平敷后，用手压辊，按顺序认真辊压一遍。

接缝粘结完成后，在搭接的卷材边口用材性相容的密封材料封严，宽度不应小于10mm，或采用宽度25mm左右的密封胶带封口，见图3-11。

图3-11 卷材封口

3.3 防水工程—特殊部位的细部构造

3.3.1 电梯井、集水坑防水

工艺说明：

电梯井、集水坑基层阴阳角必须做成不小于50mm的圆弧或45°（135°）八字（坡）角，阴阳角、立面内角、外角及施工缝处均做500mm宽的附加层。电梯井、积水坑斜面的第二层防水卷材采用带有砂粒的，以便于防水保护层的施工，见图3-12。

图3-12 基坑防水

应注意的质量问题：

（1）卷材搭接不良：接头搭接形式以及长边、短边的搭接宽度偏小，接头处的粘结不密实，接槎损坏、空鼓；施工操作中应按程序弹标准线，使之与卷材规格相符，操作中齐线铺贴，使卷材接长边不小于100mm，短边不小于150mm。

（2）空鼓：铺贴卷材的基层潮湿、不平整、不洁净，产生基层与卷材间窝气、空鼓；铺设时排气不彻底，窝住空气，也可使卷材间空鼓；施工时基层应充分干燥，卷材铺设应均匀压实。

（3）渗漏：转角、管根、变形缝处不易操作而渗漏。施工时附加层应仔细操作；保护好接槎卷材，搭接应满足宽度要求，保证特殊部位的质量。

3.3.2 外墙后浇带防水

工艺说明：

地下室外墙后浇带在做防水施工前，内侧的卷材保护层先施工。铺贴外墙卷材时，先在预制板外侧铺一层防水加强层，然后大面卷材直接铺过与之盖板。绑扎墙体钢筋时，用附加筋将止水钢板固定墙体中间，见图 3-13。

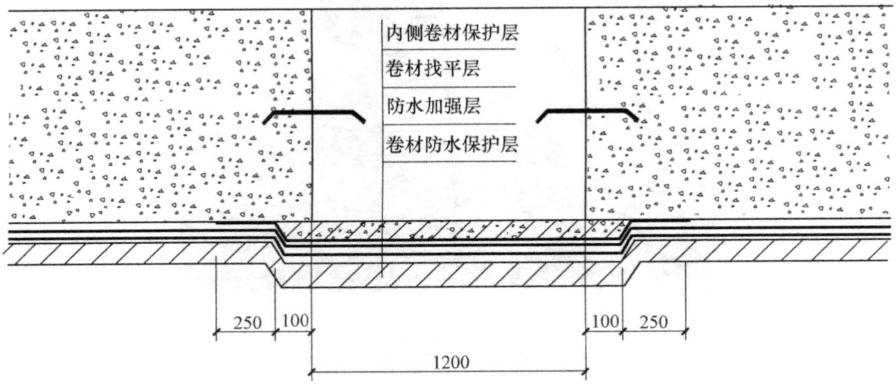

图 3-13 后浇带防水铺贴方法

3.3.3 外墙防水卷材搭接

工艺说明：

铺贴外墙卷材之前，应先将接槎部位的卷材揭开，并将其表面清理干净，如卷材有局部损伤，应及时进行修补后方可继续施工，相邻两幅卷材的接缝应错开 1/3 幅宽，上层卷材应盖过下层卷材，见图 3-14。

图 3-14 外墙防水铺贴

3.3.4 外墙散水防水

工艺说明：防水收口位置设置在距室外散水面高 150mm 处，末端先用 3mm×25mm

金属压条钢钉固定（间距 200mm），用钢钉固定后再用密封胶将上口密封。散水与外墙之间预留 30mm 宽的缝隙，采用嵌缝油膏灌严，见图 3-15。

3.3.5 施工缝止水钢板

在施工中浇筑下层混凝土时，预埋 300mm×3mm 的钢板，其中有 10～15cm 的上部露在外面，在下次再浇筑混凝土时把这部分的钢板一起浇筑进去，起到阻止外面的压力水渗入的作用。

一般钢板止水带是采用冷轧板作为母材，因为冷板厚度能够均匀，热板一般厚度达不到均匀的程度，冷轧钢板厚度一般为 2mm 或者 3mm，长度一般加工成 3m 长或者 6m 长。止水钢板对焊接节点要求较高，不能出现漏点，以免影响防水性能，见图 3-16。

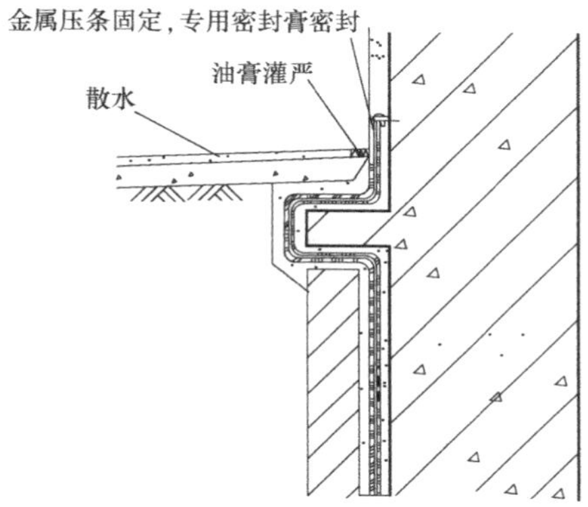

图 3-15 室外散水卷材做法

施工要点：

（1）应尽力保证止水钢板在墙体中线上；

（2）两块钢板之间的焊接要饱满且为双面焊，钢板搭接不小于 20mm；

（3）墙体转角处的处理——整块钢板弯折、丁字形焊接、7 字形焊接；

（4）止水钢板的支撑焊接——可以用小钢筋电焊在主筋上；

（5）止水钢板穿过柱箍筋时，可以将所穿过的箍筋断开，制作成开口箍，电焊在钢板上；

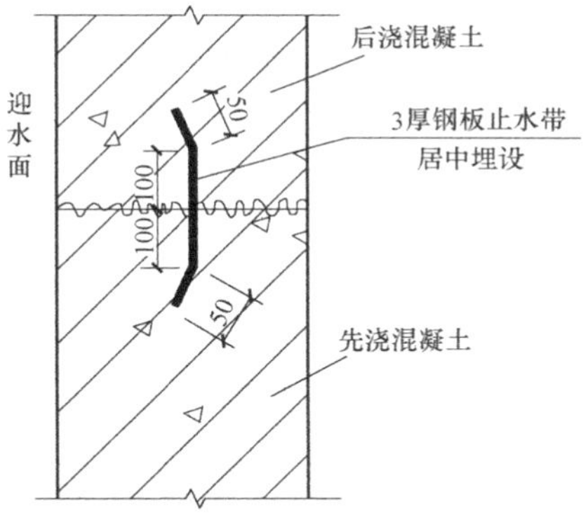

图 3-16 止水钢板

（6）止水钢板的“开口”朝迎水面。

3.3.6 施工缝止水条

止水条是由高分子、无机吸水膨胀材料与橡胶及助剂合成的具有自粘性能的一种新型建筑防水材料。遇水能吸水体积膨胀，挤密新老混凝土之间的缝隙，形成不透水的可塑性胶体。

工艺说明：

在浇筑混凝土时，在施工缝部位埋植 30mm×10mm 木条，沿墙厚居中留置出宽 30mm、深 10mm 通长凹槽，混凝土接缝前将止水条放入凹槽内，用水泥钉固定。遇水膨胀时止水条应具有缓胀性能，7 天膨胀率不应大于低膨胀率的 60%，见图 3-17。

需固定止水条的施工缝，后浇缝的界面应保持干燥、平缝、施工前须清除界面上的浮渣、尘土及杂物。

图 3-17　止水条安装

止水条必须与混凝土界面紧密接触固定牢实，防止止水条脱离界面而失去抗渗的作用。

3.3.7　墙体竖向施工缝止水带

一般来说接头部位的防水能力要较正常部位差些，所以留设止水带接头时，应尽量避开排水坡度小与容易形成积水的部位。

图 3-18　橡胶止水带

止水带具有良好的弹性、耐磨性、耐老化性和抗撕裂性能，适应变形能力强、防水性能好，温度使用范围为 −45℃～60℃。

工艺说明：

在支设结构模板时，把止水带的中间夹于木模上，同时将木板钉在木模上，并把止水带的翼边用钢丝固定在侧模上，然后浇筑混凝土，待混凝土达到一定强度后，拆除端模，用钢丝将止水带另一翼边固定在侧模上，再浇筑另一侧的混凝土，见图 3-18。

混凝土中有许多尖角的石子和锐利的钢筋头，由于塑料和橡胶的撕裂强度比拉伸强度低 3～5 倍，止水带一旦被刺破或撕裂时，不需很大外力裂口就会扩大，所以在止水带定位和混凝土浇捣过程中，应注意定位方法和浇捣压力，以免止水带被刺破，影响止水效果。如果发现有破裂现象应及时修补，否则在接缝变形和受水压时橡胶止水带抵抗外力的能力就会大幅度降低。

固定止水带时，只能在止水带的允许部位上穿孔打洞，不得损坏本体的部分。

在定位橡胶止水带时，一定要使其在界面部位保持平展，更不能让止水带翻滚、扭结，如发现有扭结不展现象应及时进行调整，在浇筑固定止水带时，应防止止水带偏移，以免单侧缩短，影响止水效果。

在混凝土浇捣时还必须充分振动，以免止水带和混凝土结合不良而影响止水效果。

止水带接头必须粘结良好，如施工现场条件具备，可采用热硫化连接的方法。不加任何处理的所谓“搭接”是绝对不允许的，见图 3-19。

图 3-19 止水带热熔焊接

3.3.8 柔性穿墙管迎水面防水

柔性穿墙防水套管是适用于管道穿过墙壁之处受有振动或有严密防水要求的构筑物的五金管件，柔性穿墙防水套管穿墙处之墙壁，如遇非混凝土时应改用混凝土墙壁，而且必须将套管一次凝固于墙内。

工艺说明：

在进行大面积防水卷材铺贴前，应先穿好带有止水环的设备管道（止水环外径比套管内径小 4mm），并固定好，设备管道与套管之间的缝隙先填塞沥青麻丝，再填塞聚硫密封膏，将防水卷材收口嵌入设备管道与套管之间的缝隙，再用聚硫密封膏灌实，最后做一层矩形加强层防水卷材。穿墙管与内墙角凹凸部位的距离应大于 250mm，管与管的间距应大于 300mm，见图 3-20。

管道穿混凝土构造的剪力墙基础、穿梁、穿异型柱时，应随土建一齐安装。原因是，预留孔洞后，套管与混凝土之间的二次浇筑不好处理。

图 3-20 柔性穿墙管

3.3.9 螺栓孔眼处理

工艺说明：

拆模后将预埋的垫块取出，沿混凝土结构边缘将螺栓割断，对割断处进行涂刷防锈漆处理后，嵌入防水油膏（嵌入 2/3），最后用聚合物砂浆将螺栓眼抹平，见图 3-21。

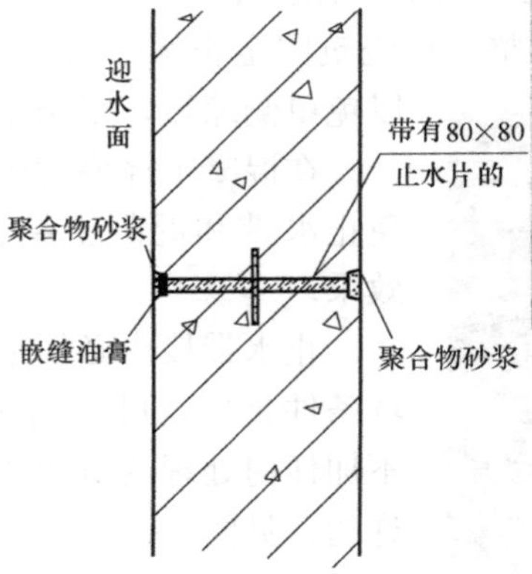

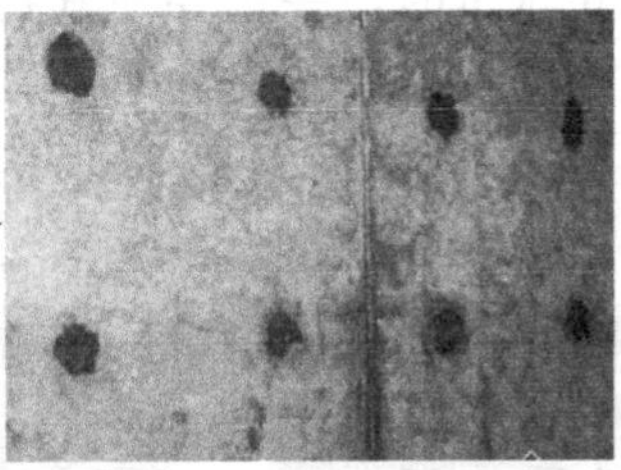

图 3-21　螺栓眼处理

3.3.10　卷材防水层封边（1）

工艺说明：

防水收口位置设置在距室外散水下 150mm 处，浇筑墙体混凝土时应预留凹槽，防水末端先用 3mm×25mm 金属压条钢钉固定（间距 500mm），再用密封膏封闭，见图 3-22。

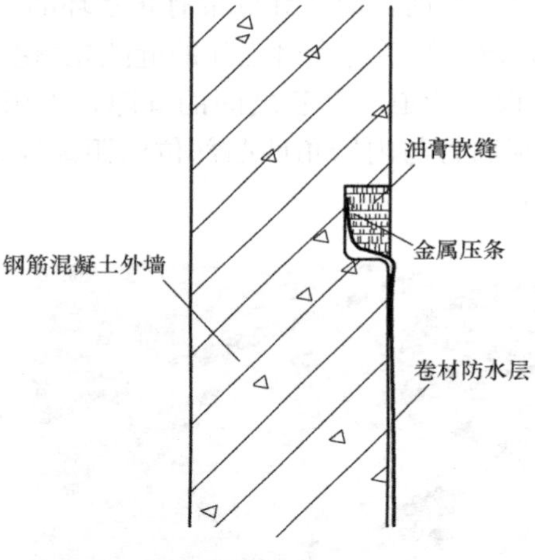

图 3-22　卷材防水封边方法（一）

根据工程实例，在做卷材封边时应考虑现场的绿化覆土高度是否超过防水层高度，因为如果回填土质量比较差，经过自然沉降后，极易把防水层向下撕裂，从而造成收边处与结构分离，在雨季降水期内，土层中的积水容易沿撕裂的卷材封边处渗入结构墙体内，造成卷材漏水现象。

3.3.11　卷材防水层封边（2）

工艺说明：

防水收口位置设置在距室外散水下 150mm 处，浇筑墙体混凝土时应预留凹槽，防水卷材施工时，将防水卷材端部压在凹槽中，待室外散水施工完再用密封膏将凹槽及散水与外墙缝隙灌严，见图 3-23。

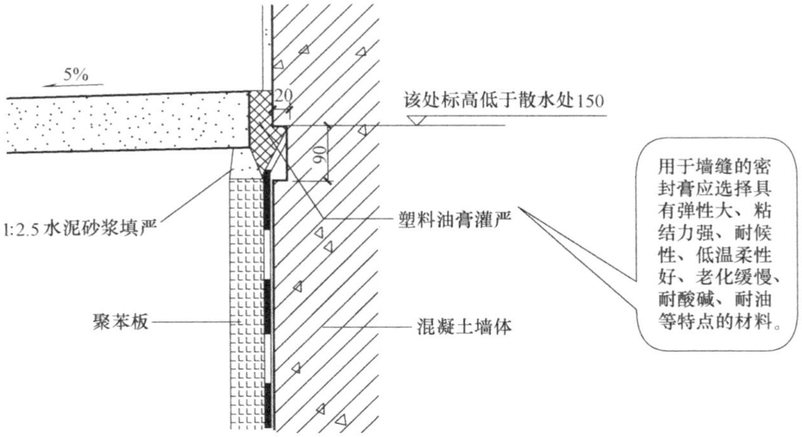

图 3-23 卷材防水封边方法（二）

3.3.12 卷材防水层甩槎

工艺说明：

从底板折向里面的卷材与永久保护墙的接触部位，采用空铺法施工。2 层卷材接槎部位先甩出搭接长度 300mm、450mm，顶端临时用石灰砂浆砌四皮砖固定。待结构墙体做外防外贴卷材防水层时，分层错槎接缝，见图 3-24。

图 3-24 卷材防水甩槎

3.3.13 顶板变形缝防水

工艺说明：

结构顶板变形缝处所用的中埋式橡胶止水带用钢筋卡具将其固定在相应位置，变形缝内贴聚苯板，见图 3-25。

3.3.14 卷材防水层平面阴阳角

附加层是指在大面积施工之前进行的节点部位预先处理，需要事先在这些薄弱环节加

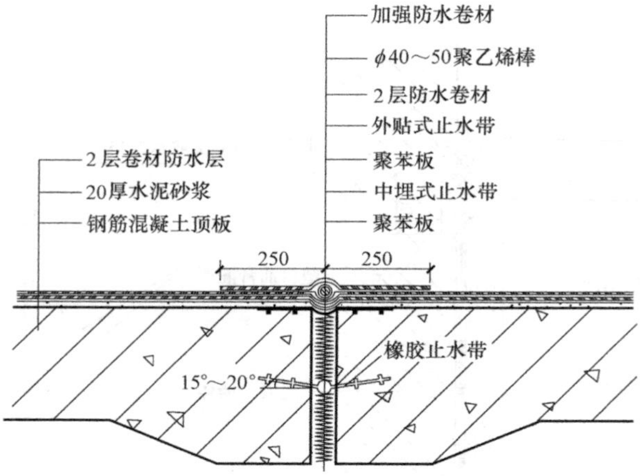

图 3-25　顶板变形缝防水做法

强防护，一般是多做一层卷材。

工艺说明：

平面阴阳角附加层卷材按实际形状下料和裁剪。附加层卷材铺贴时，不要拉紧，要自然松铺，无皱折即可，见图 3-26。

图 3-26　防水附加层

3.3.15　卷材防水层三面阴角

工艺说明：

三面阴角附加层卷材按形状下料和裁剪。附加层卷材铺贴时，不要拉紧，要自然松铺，无皱折即可，见图 3-27。

3.3.16　外墙阳角防水

工艺说明：

外墙防水基层必须平整、牢固，表面尘土、砂层等杂物清扫干净，且不得有凹凸不平、松动空鼓、起砂、开裂等缺陷；表面的阳角处，均应做成圆弧形或钝角，阳角圆弧半径为 50mm，见图 3-28。

图 3-27 三面阴角附加层

图 3-28 外墙阳角处理

3.3.17 桩头防水

工艺说明：

在桩头、桩侧及桩侧外围 200mm 范围内垫层的表面涂刷水泥基渗透结晶型防水涂料，在桩头根部及桩头钢筋根部凹槽内埋设遇水膨胀橡胶条，在桩顶、桩侧及桩侧外围 300mm 范围内垫层上表面铺贴 5mm 厚聚合水泥防水砂浆。待基层达到卷材施工条件时进行大面积防水卷材施工，卷材施工完毕后在桩侧与卷材接缝处嵌聚硫嵌缝膏，见图 3-29、图 3-30。

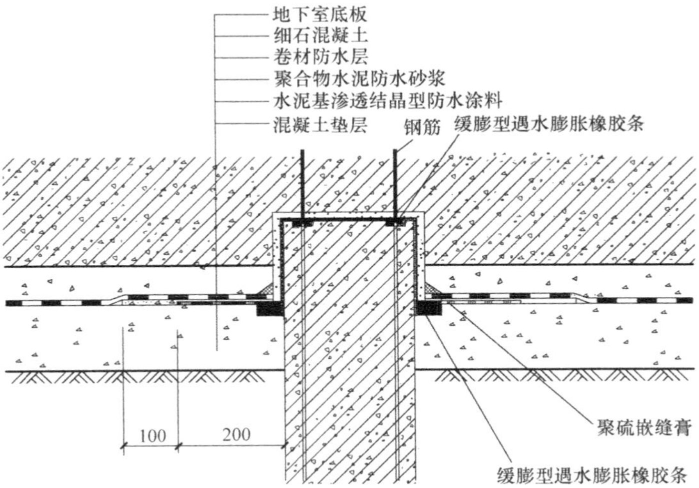

图 3-29 混凝土桩头防水

3.3.18 卷材防水铺贴顺序

工艺说明：

先铺贴阴阳角等部位的加强层，再将地坑、后浇带等处的防水卷材铺贴完毕后再铺大面。先铺平面，后铺立面，交叉处应交叉搭接见图 3-31、图 3-32。

图 3-30　防水施工完成的桩头

附加层
集水坑
大面
立面

图 3-31　防水铺贴步骤

3.3.19　窗井防水

工艺说明：

窗井内先用 2∶8 灰土回填夯实，再浇筑细石混凝土层；如窗井有集水坑，先用灰砂砖砌筑；集水坑及细石混凝土层表面均抹掺有防水粉的水泥砂浆，向集水坑找坡，见图 3-33。

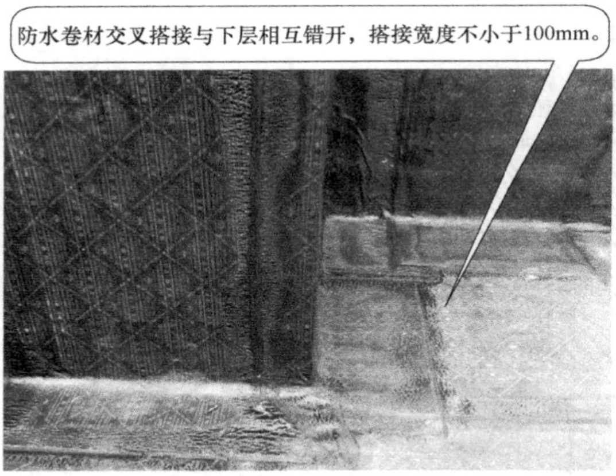
防水卷材交叉搭接与下层相互错开，搭接宽度不小于100mm。

图 3-32　卷材交叉搭接

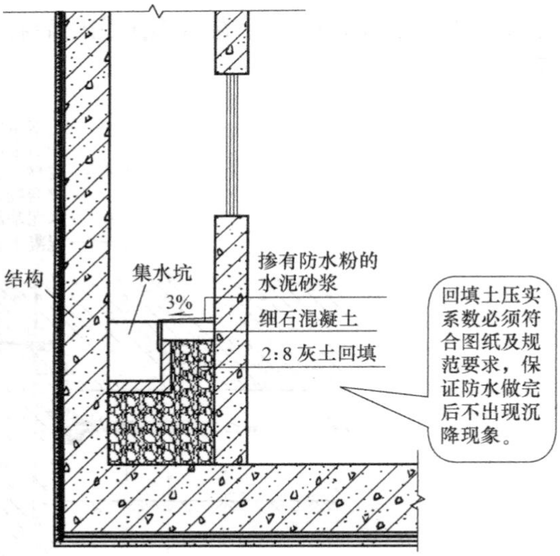
结构
集水坑
3%
掺有防水粉的水泥砂浆
细石混凝土
2:8 灰土回填
回填土压实系数必须符合图纸及规范要求，保证防水做完后不出现沉降现象。

图 3-33　窗井防水做法

3.3.20　女儿墙防水收口

工艺说明：

屋面女儿墙上翻卷材采用金属压条收口牢固，上口设置挡水线，防止雨水长期冲刷泛水部位。降低渗漏风险。见图 3-34。

图 3-34 女儿墙防水收口

4 钢筋、模板、混凝土工程

4.1 钢筋工程施工

4.1.1 钢筋进场的力学性能检验

钢筋进场时，应按国家现行相关标准的规定抽取试件作力学性能检验，其质量必须符合有关标准的规定。见图 4-1。

（1）检查数量：按进场的批次和产品的抽样检验方案确定。检验方法：检查产品合格证、出厂检验报告和进场复验报告。

（2）现场钢筋检查要点：核对入场各类钢筋规格的数量清单、规格型号、质量证明文件是否齐全和外观质量是否合格，并对进场的钢筋做出质量自检评定结论；现场取样，要求是每个规格型号、每个批次在不超出 60t 范围内前提下，各抽取一组样品，在监理的见证下送法定的检测机构检测；在检测报告出来后，就可向监理方申请该批材料的使用。

（3）现场钢筋检查容易出现的问题：钢筋进场时，钢筋不平直、有损伤，表面有裂纹、油污、颗粒状或片状老锈；未按现行国家标准的规定抽取试件作力学性能检验，其质量不符合有关标准的规定。

4.1.2 钢筋原材进入现场的放置要求

钢筋原材进入现场后，按照地上结构阶段性施工平面图的位置分规格、分型号进行堆放，不能为了卸料方便而随意乱放。见图 4-2。

对有抗震设防要求的框架结构，其纵向受力钢筋的强度应满足设计要求。当设计无具体要求时，对一、二、三级抗震等级，检验所得的强度实测值应符合下列规定：钢筋的抗拉强度实测值与屈服强度实测值的比值不应小于1.25；钢筋的屈服强度实测值与强度标准值的比值不应大于1.30；钢筋的最大力下总伸长率不应小于9%。

(*a*)

图 4-1 现场钢筋检查

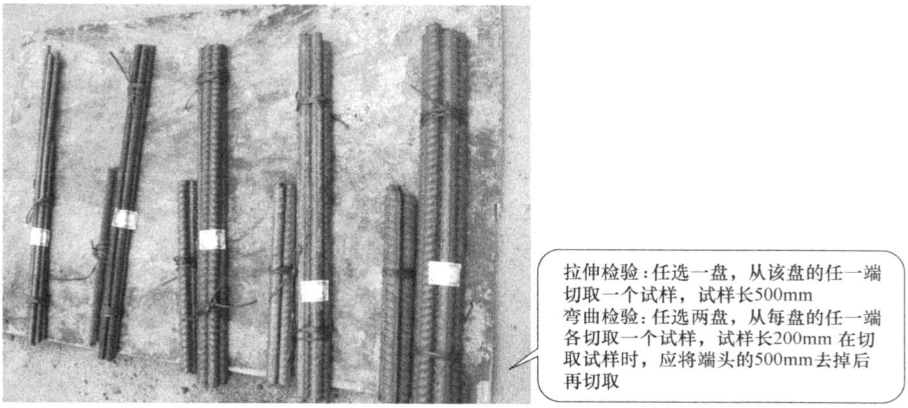

(*b*)

图 4-1 现场钢筋检查（续）

钢筋标识牌注明产地、规格、品种、数量、复试报告单号、质量检验状态（待检、合格、不合格）。见图 4-3。

钢筋的堆放场地应采用C15素混凝土或碎石硬化，并有排水坡度。应按级别、品种、直径、厂家分垛码放，为防止钢筋锈蚀，应设置垄墙或方木，架空高度不应低于200mm。

图 4-2 钢筋的码放

图 4-3 钢筋标识牌

4.1.3 钢筋的弯钩

钢筋的弯钩形式有三种：半圆弯钩、直弯钩及斜弯钩。

（1）半圆弯钩是最常用的一种弯钩。直弯钩一般用在柱钢筋的下部、箍筋和附加钢筋中。斜弯钩一般用在直径较小的钢筋中。根据规范要求，绑扎骨架中的受力钢筋，应在末端做弯钩。见图 4-4。

（2）钢筋弯钩施工中容易遇到的问题：钢筋弯钩的弯弧内直径小于受力钢筋直径；钢筋弯钩的弯折角度小于 90°；钢筋弯后平直部分长度过小。

（3）针对钢筋弯钩施工中遇到的问题应采取的预控措施是：除焊接封闭环式箍筋外，

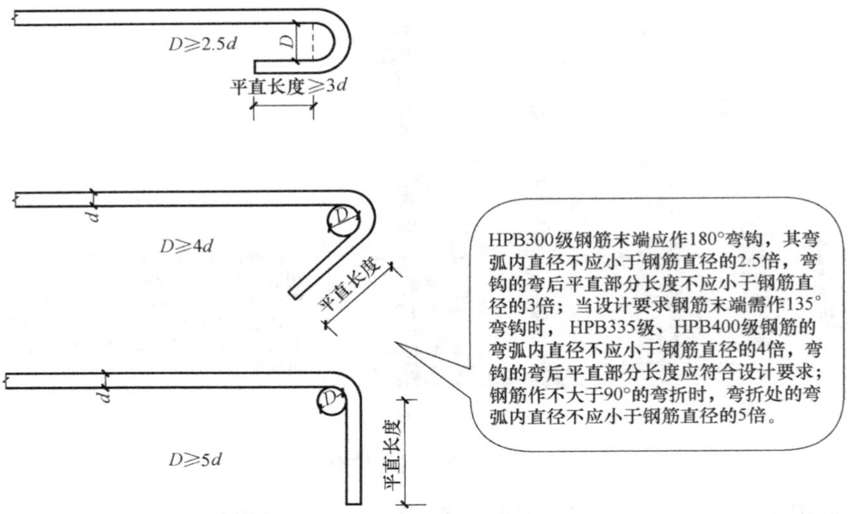

图 4-4　受力钢筋的弯钩

箍筋的末端应作弯钩，弯钩形式应符合设计要求；当设计无具体要求时，应符合《混凝土结构工程施工质量验收规范》规定。

4.1.4　锚固长度

锚固长度在图集中总分两种非抗震与抗震，内容是不同的。选择锚固长度的前提条件是混凝土强度等级与抗震等级，然后参照钢筋种类决定。

（1）纵向受拉钢筋在各种抗震等级下的最小锚固长度应符合设计要求，并且应符合《混凝土结构施工图平面整体表示方法制图规则和构造详图》第 34 页中纵向受拉钢筋的最小锚固长度的要求。为保证地震时反复荷载作用下钢筋与其周围混凝土之间具有可靠的粘结强度，规定纵向受拉钢筋的抗震锚固长度 L_{aE} 应按下列规定：一、二级抗震等级：$L_{aE}=1.15l_a$；三级抗震等级：$L_{aE}=1.05l_a$；四级抗震等级：$L_{aE}=l_a$；在任何情况下，纵向受拉钢筋的抗震锚固长度不应小于 $0.7L_{aE}$，且不应小于 250mm。见图 4-5。

当设计与施工图集要求不同时，应与设计协商，办理相应变更手续确定取值大小。

图 4-5　剪力墙竖向钢筋顶部锚固

（2）剪力墙竖向钢筋顶部锚固施工过程中常见问题的预防措施：剪力墙端部水平钢筋应伸至对边且有 15d 直拐，施工中注意控制水平钢筋应伸至对边竖筋内侧；剪力墙钢筋绑扎采用竖向梯子钢筋控制绑扎质量。见图 4-6。

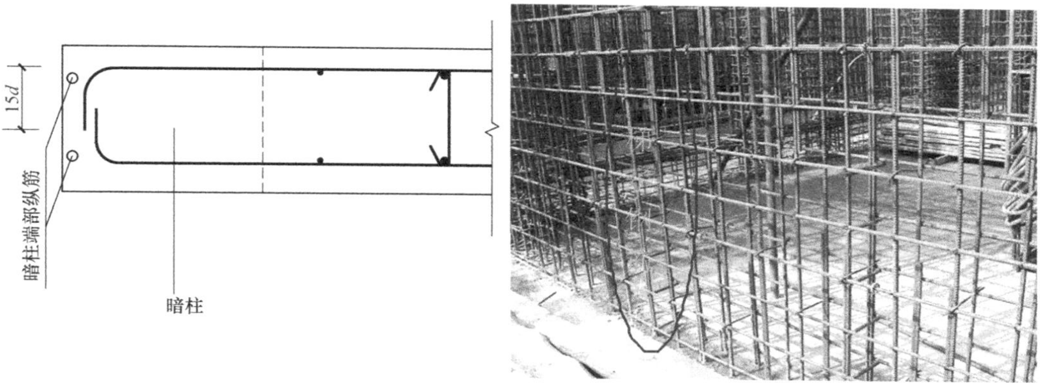

图 4-6 剪力墙端部水平钢筋

（3）转角墙端部水平钢筋锚固施工过程中常见问题的预防措施：锚固剪力墙端部水平钢筋应伸至对边且有 15d 直拐，施工中注意控制水平钢筋应伸至对边竖筋内侧，转角墙外侧水平筋应连续通过转弯。见图 4-7。

图 4-7 转角墙端部水平钢筋

4.1.5 预留洞口：预留线盒等施工过程中常见问题的预控措施

宽度大于 300mm 的预留洞口，应设钢筋混凝土过梁，并伸入墙体不小于 300mm。钢筋绑扎遇洞口尺寸不大于 300mm 时，钢筋绕过洞口，洞口尺寸大于 300mm 时，洞口设附加筋；预留洞口、预留线盒等施工过程中常见问题的预控措施详见图 4-8、图 4-9。

4.1.6 板、梁施工过程中常见问题的预控措施

板、次梁与主梁交叉处，板的钢筋在上，次梁的钢筋居中，主梁的钢筋在下；当有圈梁或垫梁时，主梁的钢筋在上。见图 4-10、图 4-11。

（1）板的钢筋网绑扎施工过程中常见问题的预控措施：四周两行钢筋交叉点应每点扎牢。见图 4-12；双向主筋的钢筋网，则须将全钢筋相交点扎牢。绑扎时应注意相邻绑扎点的钢丝扣要成八字形，以免网片歪斜变形。见图 4-13。

需焊接固定部位，不准咬伤受力钢筋。安装电盒时，尽量不切断钢筋，电盒焊在附加的钢筋上，安装牢固，不得焊在主筋上，且附加钢筋不得焊在受力筋上，而应绑扎在主筋上。

图 4-8　预留洞口

构造加筋、预埋件、电器线管、线盒、预应力筋及其配件等位置准确，绑扎牢固。

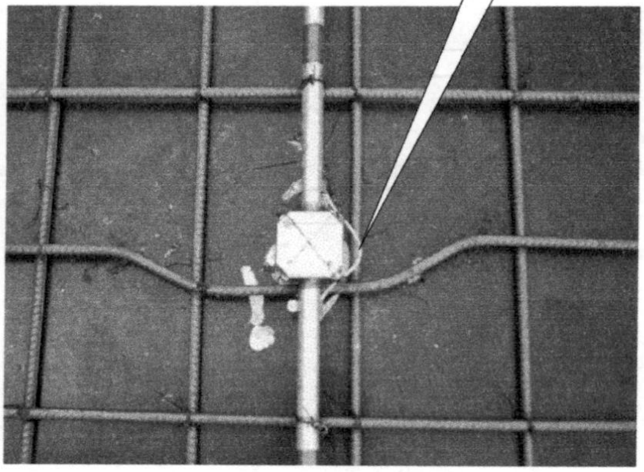

图 4-9　预留线盒

框架结构中，次梁上下主筋置于主梁上下主筋之上，框架连梁的上下主筋置于框架主梁的上下。

图 4-10　主次梁钢筋放置顺序

两向钢筋交叉时，基础底板及楼板短跨方向上部主筋宜放置于长跨方向主筋之上，短跨方向下部主筋置于长跨方向主筋之下。

图 4-11　底板钢筋放置顺序

中间部分交叉点可相隔交错扎牢，但必须保证受力钢筋不位移。

图 4-12　单层钢筋网

采用双层钢筋网时，在上层钢筋网下面应设置钢筋撑脚，以保证钢筋位置正确。

图 4-13　双层钢筋网

（2）采用绑扎搭接接头施工过程中常见问题的预控措施：接头相邻受力钢筋的绑扎接头宜相互错开。见图 4-14；构件同一截面内钢筋接头数应符合设计和规范要求。钢筋绑扎接头连接区段的长度为 1.3 倍搭接长度。凡搭接接头中点位于该区段的搭接接头均属于同一连接区段。位于同一区段内的受拉钢筋搭接接头面积百分率为 25%。同一连接区段内，纵向受拉钢筋搭接接头面积百分率应符合设计要求。当设计无具体要求时，应符合下列规定：①对梁类、板类及墙类构件，不宜大于 25%；②对柱类构件，不宜大于 50%。见图 4-15、图 4-16。

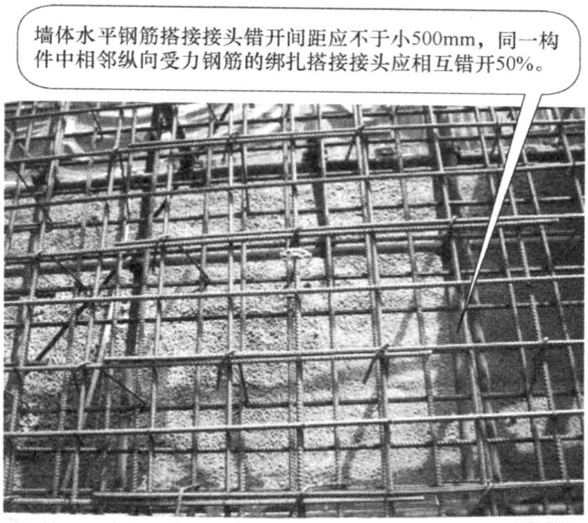

图 4-14 墙体水平钢筋搭接

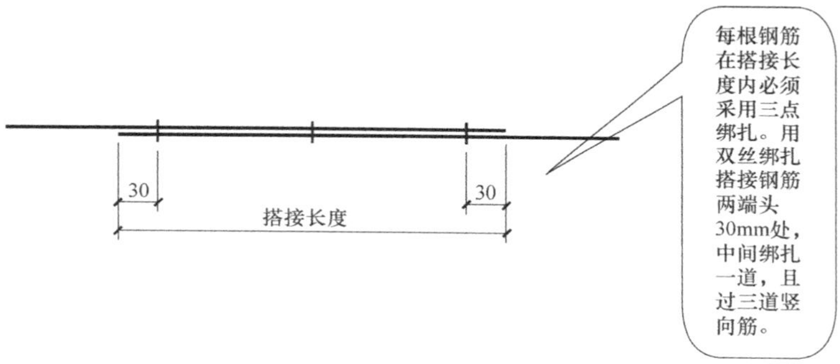

图 4-15 钢筋搭接

（3）钢筋接头施工过程中常见问题的预控措施：位置宜设置在受力较小处。同一纵向受力钢筋不宜设置两个或两个以上接头。同一构件中相邻纵向受力钢筋的绑扎搭接接头宜相互错开。当受力钢筋采用机械连接接头或焊接接头时，设置在同一构件内的接头宜相互错开。纵向受力钢筋机械连接接头及焊接接头连接区段的长度为 35 倍 d（“d”为纵向受力钢筋的较大直径）且不小于 500mm。见图 4-17。

（4）柱落脚位置的钢筋绑扎施工过程中常见问题的预控措施：（一般是基础底板钢筋或梁钢筋）完成后，按柱的平面位置在柱落脚位置的钢筋上放置一个箍筋，并绑扎或点焊牢固，然后再在该箍筋内排列插入柱的主筋，这个箍筋就叫柱的定位箍。定位箍作用是：确定柱的位置、固定柱的主筋使之不偏移。见图 4-18。

4.1.7 抽取钢筋机械连接接头、焊接接头试件作力学性能检验

在施工现场，应按国家现行标准抽取钢筋机械连接接头、焊接接头试件作力学性能检验，其质量应符合有关规程的规定。见图 4-19。

（1）钢筋焊接取样要点：钢筋闪光对焊接头同一台班内，由同一焊工完成的 200 个同级别、同直径钢筋焊接接头作为一批。若同一台班内焊接的接头数量较少，可在一周内累

计计算。若累计仍不足 200 个接头，则仍按一批计算；每一批取试件一组（6 个）3 个拉力试件、3 个弯曲试件；钢筋电弧焊接头在焊接条件下，同接头形式、同钢筋级别每 200 个接头为一批；在钻孔桩中，每一墩中，钢筋接头同接头形式、同钢筋级别位置，每 200 个接头为一批，不足 200 个时，仍作为一批，当超过 200 个接头时，应再取一批样件做试验；每批取样一组（3 个试件）做拉力试验。

墙体竖向钢筋搭接范围必须保证有三道水平筋通过，
墙体水平钢筋搭接范围内必须保证有三道竖向筋通过。

图 4-16　墙体钢筋搭接

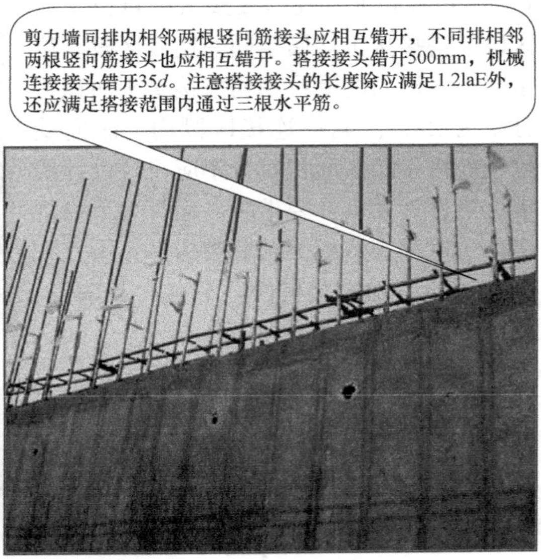

剪力墙同排内相邻两根竖向筋接头应相互错开，不同排相邻两根竖向筋接头也应相互错开。搭接接头错开500mm，机械连接接头错开35d。注意搭接接头的长度除应满足1.2laE外，还应满足搭接范围内通过三根水平筋。

图 4-17　剪力墙竖向钢筋

图 4-18　柱钢筋定位箍

图 4-19　钢筋接头取样试验

（2）机械连接取样要点：在正式施工前，按同批钢筋、同种机械连接形式的接头试件不少于 3 根做抗拉强度试验；同时对应截取接头试件的钢筋母材，进行抗拉强度试验；接头的现场检验按验收批进行；同一施工条件下，采用同一批材料的同等级、同形式、同规格接头，以 500 个为一验收批，不足 500 个也作为一验收批；每一验收批，必须在工程结构中随机截取 3 个试件做抗拉强度试验；在现场连续检验 10 个验收批，全部抗拉强度试件一次抽样均合格时，验收批接头数量可扩大一倍；在结构工程中一定要随机截取接头试件。

4.1.8 直螺纹套筒连接的钢筋施工要求

直螺纹套筒连接对端部不直的钢筋要预先调直，按规程要求，切口的端面应与轴线垂直，不得有马蹄形或挠曲，因此刀片式切断机和氧气吹割都无法满足加工精度要求，通常只有采用砂轮切割机，按配料长度逐根进行切割。见图 4-20。

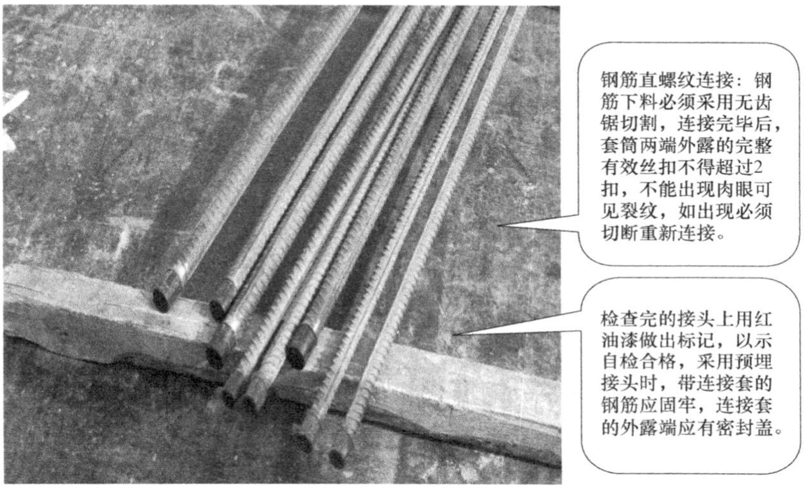
钢筋直螺纹连接：钢筋下料必须采用无齿锯切割，连接完毕后，套筒两端外露的完整有效丝扣不得超过2扣，不能出现肉眼可见裂纹，如出现必须切断重新连接。
检查完的接头上用红油漆做出标记，以示自检合格，采用预埋接头时，带连接套的钢筋应固牢，连接套的外露端应有密封盖。

图 4-20　直螺纹套筒连接用钢筋

（1）钢筋直螺纹丝头施工过程中常见问题的预控措施：按钢筋规格调整好滚丝头内孔最小尺寸及涨刀环，调整剥肋挡块及滚压行程开关位置，保证剥肋及滚压螺纹的长度；加工钢筋螺纹时，采用水溶性切削润滑液；当气温低于 0℃时，应掺入 15%～20%亚硝酸钠，不得用机油作润滑液或不加润滑液套丝；操作工人应逐个检查钢筋丝头的外观质量，检查牙型是否饱满、无断牙、秃牙缺陷，已检查合格的丝头盖上保护帽加以保护；经自检合格的丝头，应由质检员随机抽样进行检验，以 500 个同种规格丝头为一批，随机抽检 10%，进行复检。加工钢筋螺纹的丝头牙型、螺距、外径必须与套筒一致，并且经配套的量规检验合格。

（2）直螺纹接头施工过程中常见问题的预控措施：连接钢筋时，钢筋规格和套筒的规格必须一致，钢筋和套筒的丝扣干净、完好无损；连接钢筋时应对正轴线将钢筋拧入连接套筒；接头连接完成后，应使两个丝头在套筒中央位置互相顶紧，标准型套筒每端不得有一扣以上完整丝扣外露；每一台班接头完成后，抽检 10%进行外观检查，钢筋与套筒规格要一致，接头丝扣无完整丝扣外露；梁柱构件按接头数的 15%进行抽检，且每个构件的接头抽检数不少于 1 个接头；基础、墙、板以 100 个接头为一个批次（不足 100 个接头时也作为一个验收批）进行抽检，每批抽检 3 个接头；如果有一个不合格，则该验收批接头应逐个检查，对查出的不合格接头应进行补强，如无法补强则应弃置不用。

4.1.9 钢筋代换要求

钢筋代换时，应征得设计单位的同意，代换后钢筋的间距、锚固长度、最小钢筋直径、数量等构造要求和受力、变形情况均应符合相应规范要求。代换原则：等强度代换或等面积代换。当构件按最小配筋率配筋时，或同钢号钢筋之间的代换，按钢筋代换前后面积相等的原则进行代换。见图 4-21。

绑扎柱、墙箍筋或水平钢筋时，应错开直螺纹套筒位置，如果错不开，对应将箍筋或水平钢筋直径变小一个规格（局部加密，但总断面不能减小）进行代换，以保证此处保护层厚度。

图 4-21　直螺纹套筒连接

钢筋代换施工过程中应遵守的规定：钢筋代换后，应满足钢筋间距、锚固长度、最小钢筋直径等构造要求；以高一级钢筋代换低一级钢筋时，宜采用改变钢筋直径的方法而不宜采用改变钢筋根数的方法来减少钢筋的截面积；用同钢号某直径钢筋代替另一种直径钢筋时，其直径变化范围不宜超过 4mm，变更后钢筋总截面积与设计文件规定的截面面积之比不得小于 98%或大于 103%；设计主筋采用同钢号的钢筋代换时，应保持间距不变，可以用直径比设计钢筋直径大一级和小一级的两种型号钢筋间隔配置代换。

4.1.10 对钢筋偏位可采取的处理方法

在工程施工过程中，因材料、工艺、管理等许多方面的因素，经常会发生墙柱钢筋偏位的现象，对钢筋偏位可采取的处理方法有：

（1）墙、柱竖向钢筋偏位 20mm 以内的，将钢筋轻微弯斜调整到规定的位置；

（2）墙、柱竖向钢筋偏位在 20mm 及以上的，凿除根部混凝土保护层，按不大于 1∶6坡度进行斜弯调整，折弯范围箍筋另加密 50%；

（3）墙、柱竖向钢筋偏位超出 50mm 的，待混凝土强度达到设计强度 70%以上时，可按照同侧墙柱竖筋根数构造重新植筋，在不影响使用功能的情况下，在偏移侧把剪力墙柱尺寸加宽 10～30mm（应经设计人员及建设单位同意）；

（4）墙、柱竖向钢筋偏位较大时，应根据专项加固方案拆除原混凝土重新浇筑。见图 4-22。

钢筋偏位的预控措施有：采用竖向钢筋接头连接施工方法，对于直径大于 14mm 的竖向钢筋，宜优先采用电渣压力焊接头，直径大于 22mm 宜优先采用电渣压力焊接头或机械连接接头；严格控制钢筋的加工尺寸和成型精度，钢筋必须按翻样尺寸进行精确加

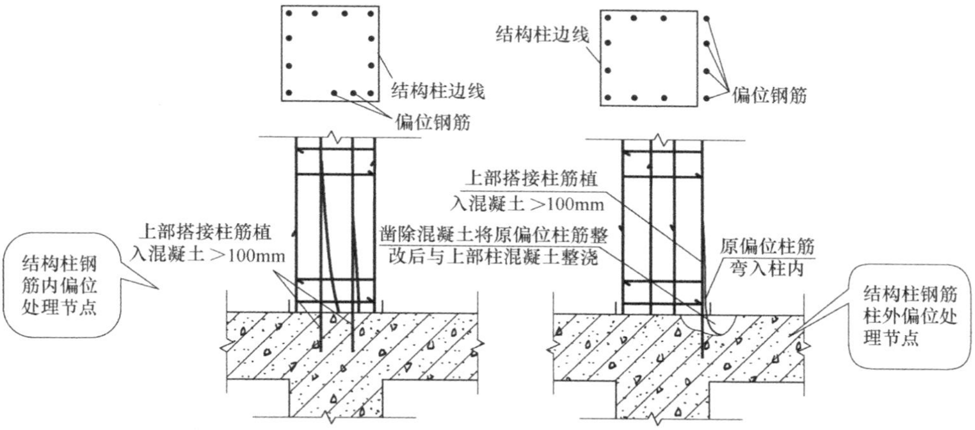

图 4-22 柱钢筋偏位处理

工，钢筋弯曲加工时，弯曲机的芯轴直径必须满足绑扎施工对弯曲半径的要求；钢筋的品种、级别、规格、数量必须符合图纸和规范的要求；采用梯子筋、定位筋、定距框等保障措施。

4.1.11 钢筋优秀节点做法

图 4-23 优秀节点做法

4.2 模板工程施工

4.2.1 漏浆的预防措施

（1）木模板拼缝处应平直刨光，拼板紧密；浇混凝土前要隔夜浇水，使模板润湿膨胀，将拼缝处挤紧；

（2）边柱及外侧模板下口应比内模板落低 50mm，以便使其夹紧下段混凝土，从而防止可能出现的漏浆现象；

（3）梁与柱相交，梁模与柱连接处应考虑木模板吸湿后长向膨胀的影响，下料尺寸可稍缩短些，使混凝土浇灌后梁模板顶端外口刚好与柱面贴平，从而避免梁模板嵌入柱、墙混凝土内；

（4）采用模板条对柱边进行固定。见图 4-24、图 4-25。

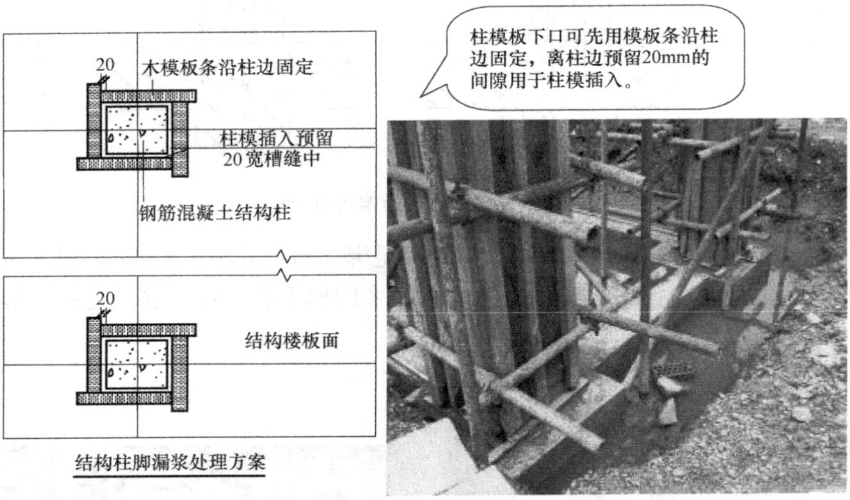

图 4-24 柱脚漏浆处理（一）

图 4-25 柱脚漏浆处理（二）

4.2.2 废旧模板在施工中的应用

将模板按宽度与长度分类，模板要表面完整，中间不要有太大的缺口，平面不要脱皮。然后要将好的模板上面的铁钉起下来。然后将模板分类摆放，可以铺次要建筑物的顶板、梁底、二次结构构造柱、圈梁、过梁或者其他造型的模板。可以与方木一起铺设钢筋车间、木工车间等防护棚等，可以一起与方木一起做悬挑架的防护板、预埋盒子等，可以按照床板的规格做成铺板、刷漆后做踢脚板等。见图4-26、图 4-27。

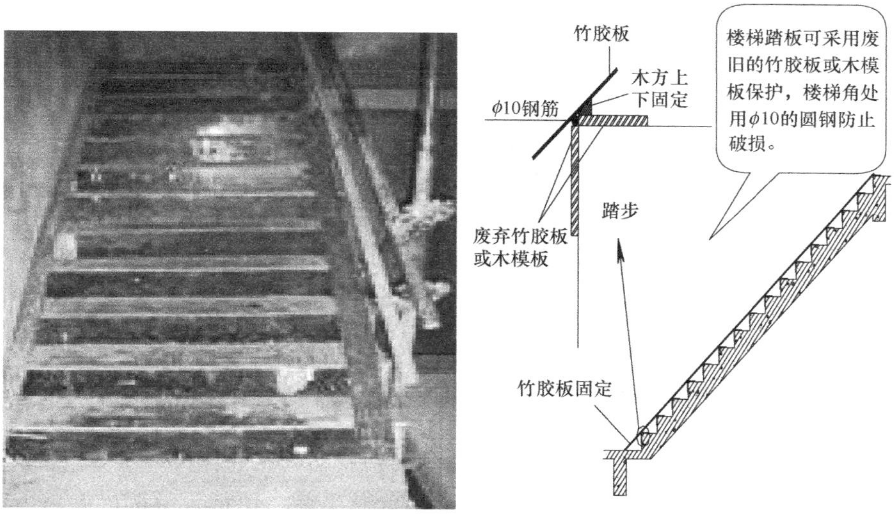

图 4-26 楼梯踏板采用废旧模板防护

图 4-27 废旧模板做柱子护角

4.2.3 模板工程的施工技术要求

模板安装位置、尺寸，必须满足图纸要求，且应拼缝严密、表面平整并刷隔离剂；模板及其支撑应具有足够的承载能力、刚度和稳定性，能可靠地承受浇筑混凝土的重量、侧压力以及施工荷载；在浇筑混凝土之前，应对模板工程进行验收。见图 4-28。

4.2.4 模板拆除的施工技术要求

现浇混凝土结构模板及支架拆除时的混凝土强度，应符合设计要求；不承重的侧模

模板支撑的选用必须经过计算，除满足强度要求外，还必须有足够的刚度、稳定性、平整度及光洁度。根据工期要求，配备足够数量的模板，保证按规范要求拆模。已拆除模板及其支架的结构，在混凝土强度达到设计要求的强度后方可承受全部使用荷载。

图 4-28　模板工程

板，包括梁、柱墙的侧模板，只要混凝土强度保证其表面、棱角不因拆模而受损坏，即可拆除；模板的拆除顺序：一般按后支先拆、先支后拆，先拆除非承重部分后拆除承重部分的拆模顺序进行。

4.2.5　模板工程质量检查与检验要点

模板分项工程质量控制应包括模板的设计、制作、安装和拆除。模板工程施工前应编制施工方案，并应经过审批或论证。施工过程重点检查：施工方案是否可行及落实情况；模板的强度、刚度、稳定性、支承面积、平整度、几何尺寸、拼缝、隔离剂涂刷、平面位置及垂直、梁底模起拱、预埋件及预留孔洞、施工缝及后浇带处的模板支撑安装等是否符合设计和规范要求；严格控制拆模时混凝土的强度和拆模顺序。

4.2.6　模板安装工程施工要点

按配板设计循序拼装，以保证模板系统的整体稳定；配件必须装插牢固，支柱下的支撑面应平整垫实，要求足够的受压面积；预埋件与预留空洞必须位置准确，安设牢固；支柱所设的水平撑和剪刀撑，应按构造和整体稳定性布置；多层支设的支柱，上下应设置在同一竖向中心线上；立杆间距不得大于 1m，纵横方向的水平拉杆间距不宜大于 1.5m；梁底杆间距不得大于 600mm；梁底模板应拉线找平梁底板应起拱，当梁跨度不小于 4m 时，起拱高度宜为 2/1000，主次梁交接时，先主梁起，后次梁起。

4.2.7　模板拆除工程施工要点

模板拆除时，混凝土强度能保证其表面及棱角不因拆模受损，方可拆模。当板与梁模板拆模，梁板距离不大于 8m 时，混凝土强度须达到 75%，不小于 8m 时为 100%；拆下的模板及时清理，涂刷脱模剂。拆下的扣件及模板要堆放整齐；与混凝土接触的模板表面应认真涂刷脱模剂，不得漏涂，涂刷后如被雨淋，应补刷脱模剂；拆模时，要轻轻撬动，使模板脱离混凝土表面，禁止猛砸狠敲，防止碰坏混凝土；拆除下的模板应及时清理干净，涂刷脱模剂。暂时不用时应遮阴覆盖，防止暴晒。

4.2.8 模板工程优秀节点做法

1. 楼梯定型模具

施工说明：除用成品预装楼梯、异形楼梯外，标准层楼梯支模体系，采用定型钢托用于踏步的固定，避免跑模，确保楼梯踏步成型质量。详见图 4-29。

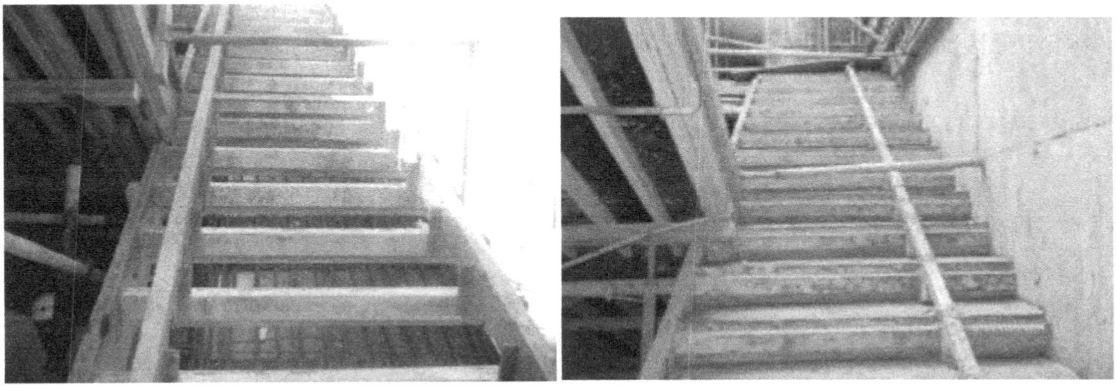

图 4-29 楼梯定型模具

2. 降板模板做法

施工说明：楼层内降板合用方通或者角钢进行模板支设，保证降板混凝土成型质量。后期施工，具体见图 4-30。

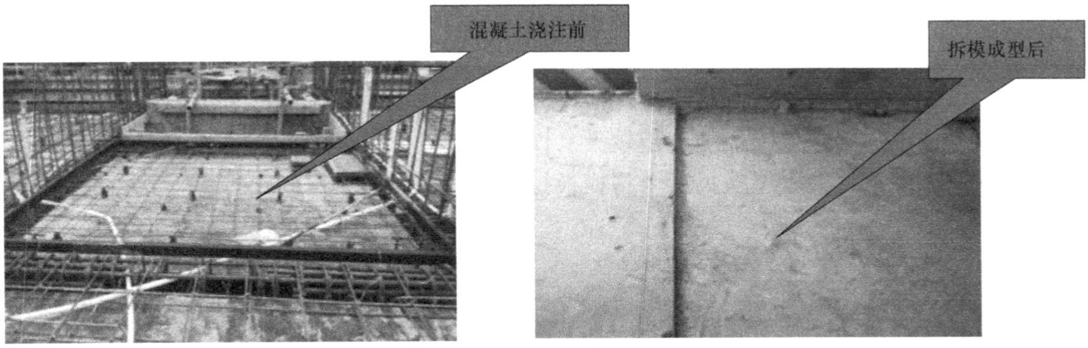

图 4-30 降板模板做法

4.3 混凝土工程施工

4.3.1 混凝土施工过程中常见质量问题

（1）蜂窝麻面。麻面问题是模板拆除过早，模板表面不平整、不光洁，未刷隔离剂。

原因是混凝土一次下料过厚，振捣不实或漏浆，模板有缝隙使水泥浆流失，钢筋混凝土较密而混凝土坍落度过小或石子过大，柱、墙根部模板有缝隙，以致混凝土中的砂浆从下部流出，也可能是混凝土配合比问题（石子较多，砂率较小）。见图 4-31。

蜂窝处理措施：对于较浅的区域，剔凿松散层并冲洗后，采用高强度等级水泥砂浆填补找平，并洒水养护；对于较深的，将松动的石子凿除，冲洗后，然后用比原强度高一级的细石混凝土填补，使其强度达到设计要求。麻面处理措施：将出现麻面的混凝土表面用钢丝刷或冲毛机冲洗，用 1：1 或 1：2 水泥砂浆抹面、压光。修补完后要适时浇水养护。

（2）露筋。原因是钢筋垫块位移、垫块间距过大、垫块漏放，保护层较小，钢筋紧贴模板等原因而造成露筋。另外底部振捣不实，也可能出现露筋。见图 4-32。

图 4-31　混凝土出现麻面

图 4-32　混凝土露筋

处理措施：清除外露钢筋上的石子、砂浆，并将该处不密实的混凝土凿掉，用冲毛机冲洗后，用比原强度高一级的细石混凝土填补，并仔细捣实。修补完后要适时浇水养护，使其强度达到设计要求。

（3）模板问题。模板配制与构件几何尺寸不符。使用的木方厚度大小不一致、弯曲较大，或木方较小强度较低，加固间距较大。模板梁底较薄强度较低，模板不平直，模板拼接不严密造成漏浆，混凝土振捣后未将模板拉线调直，模板支撑间距过大，支撑下垫板厚度和宽度较小，垫板下地基未夯实或夯实较差，造成混凝土构件下沉构件变形。

（4）缝隙与夹渣层。施工缝处杂物清理不干净或未浇铺底浆，振捣不实等原因，易造成缝隙、夹渣层。见图 4-33。

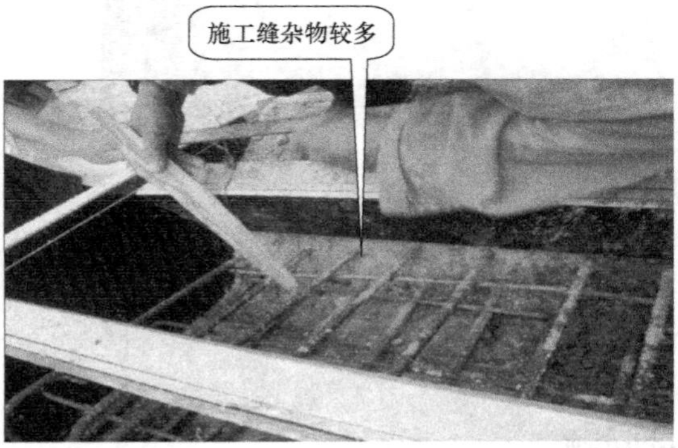

图 4-33　楼梯板施工缝未处理干净杂物较多

预防缝隙夹渣层的措施：在支模前应把接槎处的松动浮面、无强度的水泥残浆清理干净，在混凝土浇灌前必须再次清理各种垃圾并用水冲洗；底部模板必须加固、封严，以确保常规操作条件下不胀模漏浆，梁、柱节点板应专门设计，便于装拆和满足密封要求。

缝隙夹渣层的处理方案：出现裂缝，经设计单位、建设单位、监理单位、施工单位共同协商，对局部楼板裂缝挂 300g/m^2 胶网用抗裂砂浆抹平。局部夹渣的，用铁刷对夹渣部位进行清理，用清水冲洗干净后，刷一层水泥素浆再用 C25 细石混凝土（去石子）抹平并及时养护。

4.3.2 操作平台施工要求

浇筑离地 2m 以上框架、过梁、雨篷和小平台时，应设操作平台，不得直接站在模板或支撑件上操作。

（1）绑扎圈梁、挑梁、挑檐、外墙和边柱等钢筋时，应搭设操作台架和张挂安全网。悬空大梁钢筋的绑扎，必须在满铺脚手板的支架或操作平台上操作。支设高度在 3m 以上的柱模板，四周应设斜撑，并应设立操作平台。见图 4-34

（2）移动式操作平台施工时应注意的要点：操作平台应由专业技术人员按现行的相应规范进行设计，计算书及图纸应编入施工组织设计；装设轮子的移动式操作平台，轮子与平台的接合处应牢固可靠，立柱底端离地面不得超过 80mm；操作平台的面积不应超过 10m^2，高度不应超过 5m，还应进行稳定验算，并采取措施减少立柱的长细比；平台的次梁，间距不应大于 40cm；台面应满铺 3cm 厚的木板或竹笆；操作平台四周必须按临边作业要求设置防护栏杆，并应布置登高扶梯。见图 4-35。

顶板混凝土浇筑前，搭设操作马道，严格控制负弯矩筋被踩下。

图 4-34 操作马道

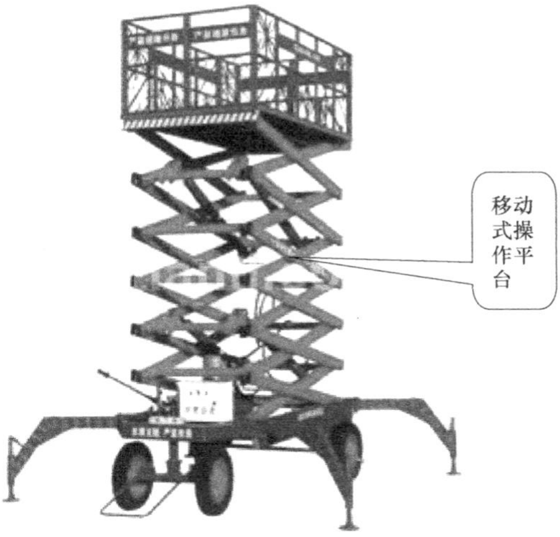

图 4-35 移动式操作平台

移动式操作平台优点：具有移动灵活、升降平稳、操作方便等特点。具有较高的稳定性和较高的承载能力，而宽大的作业台面又可同时容纳多人作业。使高空作业效率更高，安全更保障。

（3）悬挑式卸料平台施工时应注意的要点：悬挑式卸料平台应按现行的相应规范进行设计，其结构构造应能防止左右晃动；悬挑式卸料平台的搁支点与上部拉结点，必须位于建筑物上，不得设置在脚手架等施工设备上；构造上宜两边各设前后两道斜拉杆或钢丝绳，两道中的靠近建筑一侧的一道为安全储备，另外一道应作受力计算；应设置四个经过验算的吊环，吊运平台时使用卡环，不得使吊钩直接钩挂吊环，吊环应用甲类3号沸腾钢制作；悬挑式卸料平台安装时，钢丝绳应采用专用的挂钩挂牢，采取其他方式时卡头的卡子不得少于三个，建筑物锐角利口围系钢丝绳处应加衬软垫物，悬挑式卸料平台外口应略高于内口；台面应满铺脚手板；悬挑式卸料平台左右两侧必须装固定的防护栏杆；悬挑式卸料平台吊装，需待横梁支撑点电焊固定，接好钢丝绳，调整完毕，经过检查验收后，方可松卸起重吊钩，上下操作；悬挑式卸料平台使用时，应有专人进行检查，发现钢丝绳有锈蚀损坏应及时调换，焊缝脱焊应及时修复；卸料平台上应显著地标明容许荷载值。操作平台上人员和物料的总重量严禁超过设计的容许荷载，应配备专人加以监督。见图4-36。

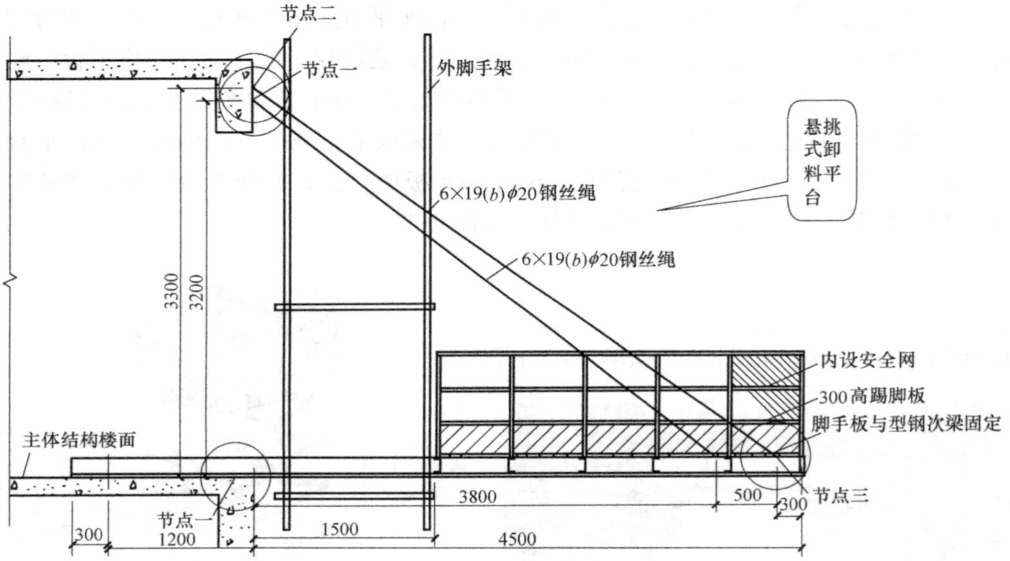

图4-36 悬挑式卸料平台

悬挑式卸料平台优点：保证施工安全加快主体结构施工进度，提高工作效率，减轻劳务工人工作难度。

4.3.3 条形基础浇筑施工注意要点

根据基础深度宜分段分层连续浇筑混凝土，一般不留施工缝。各段层间应相互衔接，每段间浇筑长度控制在2～3m距离，做到逐段逐层呈阶梯形向前推进。设备基础浇筑一般应分层浇筑，并保证上下层之间不留施工缝，每层混凝土的厚度为200～300mm。每层浇筑顺序应从低处开始，沿长边方向自一端向另一端浇筑，也可采取中间向两端或两端向中间浇筑的顺序。大体积混凝土浇筑时，浇筑方案可以选择整体分层连续浇筑施工或推移式连续浇筑施工方式，保证结构的整体性。混凝土浇筑宜从低处开始，沿长边方向自一端向另一端进行。当混凝土供应量有保证时，亦可多点同时浇筑。见图4-37。

浇筑混凝土时必须分层进行，并限制其分层的厚度。可采用测杆检查分层厚度。混凝土分层浇筑，测杆每隔浇筑高度刷红蓝标志线，测量时直立在混凝土上表面上，以便外露测杆。

图 4-37 分层浇筑混凝土

4.3.4 在振动界限以前对混凝土进行二次振捣的必要性

在振动界限以前对混凝土进行二次振捣，排除混凝土因泌水在粗骨料、水平钢筋下部生成的水分和空隙，提高混凝土与钢筋的握裹力，防止因混凝土沉落而出现的裂缝，减少内部微裂，增加混凝土密实度，使混凝土抗压强度提高，从而提高抗裂性。见图 4-38。

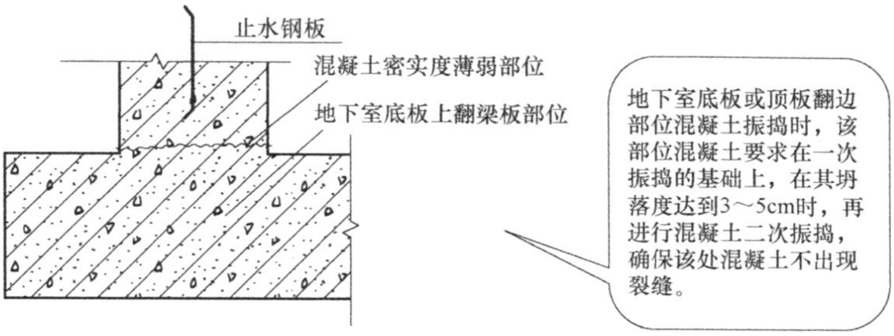
止水钢板
混凝土密实度薄弱部位
地下室底板上翻梁板部位
地下室底板或顶板翻边部位混凝土振捣时，该部位混凝土要求在一次振捣的基础上，在其坍落度达到3～5cm时，再进行混凝土二次振捣，确保该处混凝土不出现裂缝。

图 4-38 地下室底板上翻梁板

4.3.5 施工缝的留置位置应符合的施工要求

施工缝的位置应在混凝土浇筑之前确定，并宜留置在结构受剪力较小且便于施工的部位。施工缝的留置位置应符合下列规定：

（1）柱：宜留置在基础、楼板、梁的顶面，梁和吊车梁牛腿、无梁楼板柱帽的下面；见图 4-39、图 4-40、图 4-41。

（2）与板连成整体的大截面梁（高超过 1m），留置在板底面以下 20～30mm 处。当板下有梁托时，留置在梁托下部；

（3）单向板留置在平行于板的短边的任何位置；

（4）有主次梁的楼板，施工缝应留置在次梁跨中 1/3 范围内；见图 4-42；

（5）墙留置在门洞口过梁跨中 1/3 范围内，也可留在纵横墙的交接处。

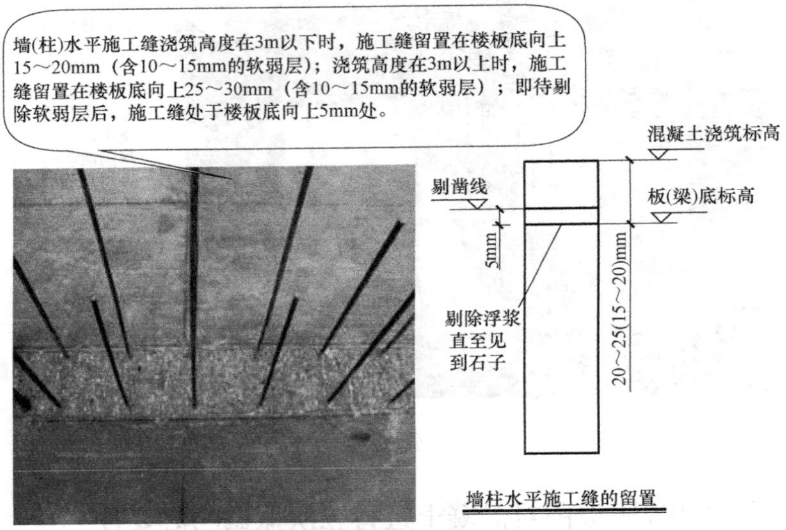

图 4-39　柱水平施工缝

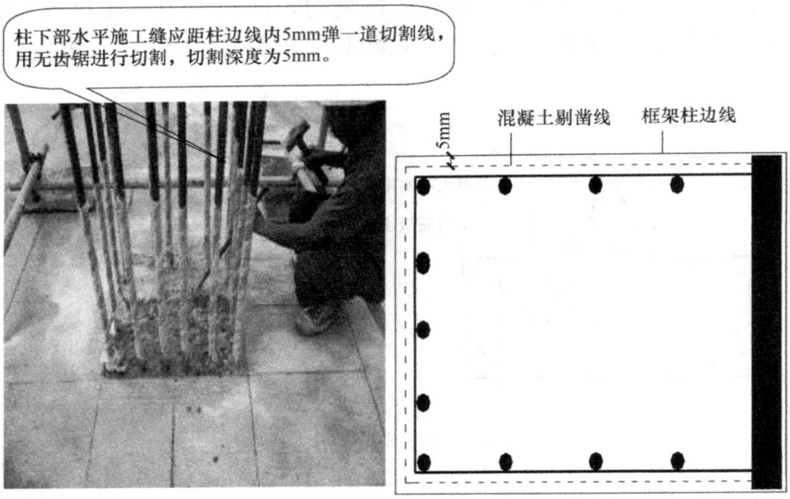

图 4-40　柱下部水平施工缝

4.3.6　对于四周均为剪力墙的楼梯，施工缝留置要求

对于四周均为剪力墙的楼梯，施工缝最好留在楼梯梁的一半、进休息平台 1/3 净跨的部位（至少超过 250～300mm）。此时楼梯梁在相应剪力墙位置要留梁窝，至少过墙中，最好穿透。见图 4-43；对于四周框架的楼梯，施工缝最好留置在梯段跨中 1/3 处，因为这个位置是受剪和受弯最小部位。见图 4-44。

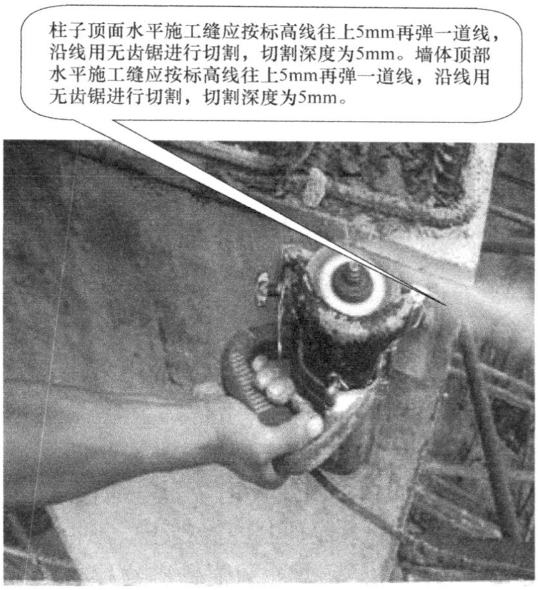

图 4-41 墙、柱子顶面水平施工缝

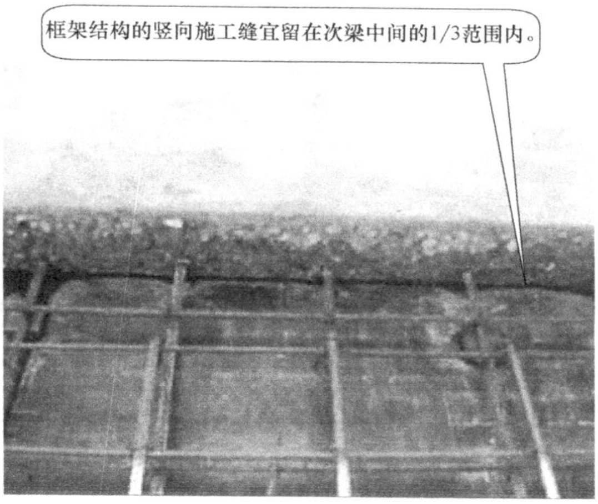

框架结构的竖向施工缝宜留在次梁中间的1/3范围内。

图 4-42 竖向施工缝

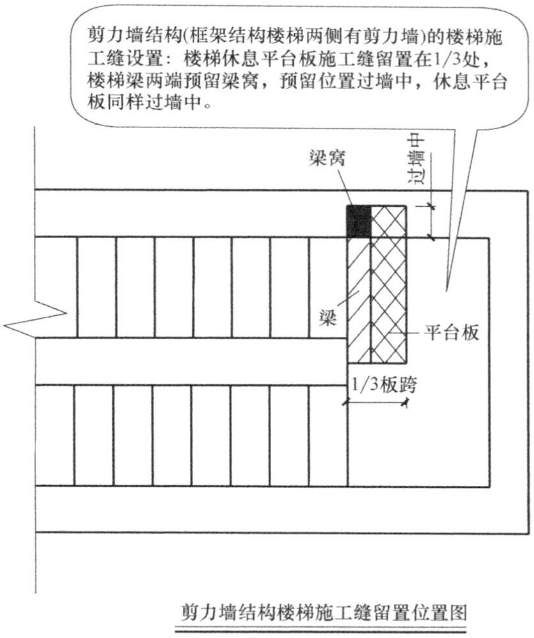

图 4-43 剪力墙结构楼梯施工缝

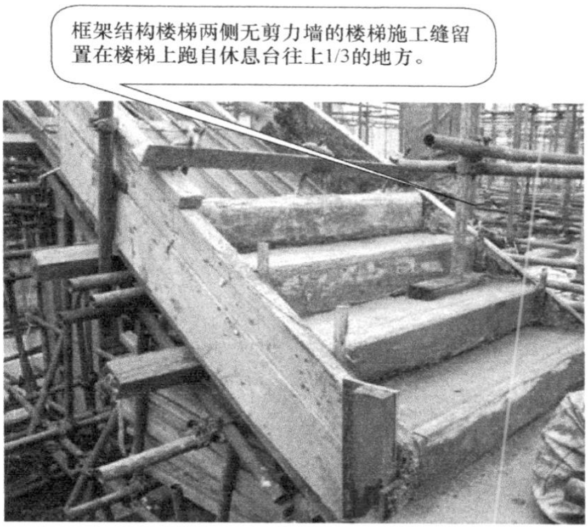

框架结构楼梯两侧无剪力墙的楼梯施工缝留置在楼梯上跑自休息台往上1/3的地方。

图 4-44 框架结构楼梯施工缝

4.3.7 在施工缝处继续浇筑混凝土时，应符合的规定

（1）已浇筑的混凝土，其抗压强度不应小于 1.2N/mm^2；

（2）在已硬化的混凝土表面上，应清除水泥薄膜和松动石子以及软弱混凝土层，并加以充分湿润和冲洗干净，且不得积水；

施工缝处碎渣等应清理干净，外露钢筋插铁所沾灰浆、油污应清刷干净，并充分湿润和冲洗干净。浇筑混凝土前，在施工缝处铺一层与混凝土内成分相同的石子砂浆30～50mm，使接槎处理到位，接缝平实。

图 4-45　施工缝清理

（3）在浇筑混凝土前，宜先在施工缝处刷一层水泥浆（可掺适量界面剂）或铺一层与混凝土内成分相同的水泥砂浆；

（4）混凝土应细致捣实，使新旧混凝土紧密结合。见图 4-45。

4.3.8　混凝土的自然养护

对已浇筑完毕的混凝土，应在混凝土终凝前（通常为混凝土浇筑完毕后 8～12h 内），开始进行自然养护。混凝土采用覆盖浇水养护的时间：对采用硅酸盐水泥、普通硅酸盐水泥或矿渣硅酸盐水泥拌制的混凝土，不得少于 7d；对火山灰质硅酸盐水泥、粉煤灰硅酸盐水泥拌制的混凝土，不得少于 14d；对掺用缓凝型外加剂、矿物掺合料或有抗渗性要求的混凝土，不得少于 14d。浇水次数应能保持混凝土处于润湿状态，混凝土的养护用水应与拌制用水相同。当采用塑料薄膜布养护时，其外表面全部应覆盖包裹严密，并应保持塑料布内有凝结水。采用养生液养护时，应按产品使用要求，均匀喷刷在混凝土外表面，不得漏喷刷。在已浇筑的混凝土强度未达到 1.2N/mm^2 以前，不得在其上踩踏或安装模板及支架等。见图 4-46、图 4-47。

对已浇筑完毕的混凝土，应在12h内加以覆盖和浇水。楼板夏季高温时宜用黑色塑料布覆盖严密，并保持塑料布内有凝结水，或用麻袋片覆盖增加浇水次数并要保证表面湿润，严防混凝土裂纹的出现。

图 4-46　混凝土养护

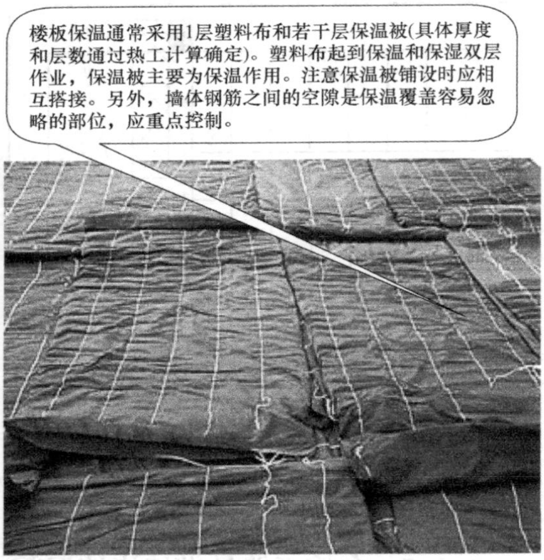
楼板保温通常采用1层塑料布和若干层保温被(具体厚度和层数通过热工计算确定)。塑料布起到保温和保湿双层作业，保温被主要为保温作用。注意保温被铺设时应相互搭接。另外，墙体钢筋之间的空隙是保温覆盖容易忽略的部位，应重点控制。

图 4-47　冬期养护

4.3.9　大体积混凝土工程温控技术措施

大体积混凝土工程施工前，宜对施工阶段大体积混凝土浇筑体的温度、温度应力及收缩应力进行试算，并确定施工阶段大体积混凝土浇筑体的升温峰值、里表温差及降温速率的控制指标，制定相应的温控技术措施。温控指标符合下列规定：

（1）混凝土浇筑体在入模温度基础上的温升值不宜大于 50℃。

（2）混凝土浇筑体的里表温差（不含混凝土收缩的当量温度）不宜大于 25℃。

（3）混凝土浇筑体的降温速率不宜大于 2℃/d。

（4）混凝土浇筑体表面与大气温差不宜大于 20℃。见图 4-48。

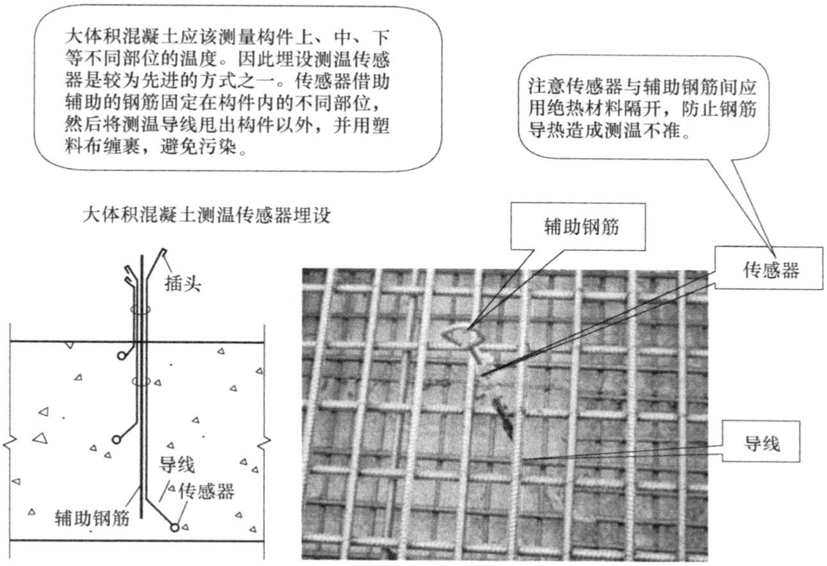

图 4-48 大体积混凝土测温

4.3.10 大体积混凝土的浇筑方案

大体积混凝土浇筑时，浇筑方案可以选择整体分层连续浇筑施工或推移式连续浇筑施工方式，保证结构的整体性；混凝土浇筑宜从低处开始，沿长边方向自一端向另一端进行。当混凝土供应量有保证时，亦可多点同时浇筑。

4.3.11 超大体积混凝土跳仓法施工

（1）材料：商品混凝土、模板及支撑件、崩口收口网。

（2）工具：混凝土输送管道、振捣棒、刮杠、测量仪。

（3）工序：分仓划分→混凝土分层分仓浇筑→测温→养护。

（4）工艺方法：大面积基础混凝土筏板施工时，为有效控制混凝土内部温升防止裂缝，可采用长、宽方向分仓挑打的方式浇筑混凝土。

分仓划分应根据筏板厚度、结构形式、工程量、劳动力等确定，一般分仓长度不大于 30m。混凝土浇筑时，可按照“品”字跳仓施工，每仓内施工应根据热工计算分层进行，一次浇筑完成不留施工缝；相邻仓混凝土浇筑应在前一仓混凝土强度符合要求后进行浇筑，施工缝处安装快易收口网防止混凝土洒落。

混凝土浇筑过程中测温点及测温设施应提前埋设，表面覆盖和养护符合要求，控制温度差在 250℃以内。

（5）控制要点：分仓分层、挑打、浇筑时间。

（6）质量要求：混凝土振捣密实，无裂缝现象。

（7）做法详图见图 4-49～图 4-51

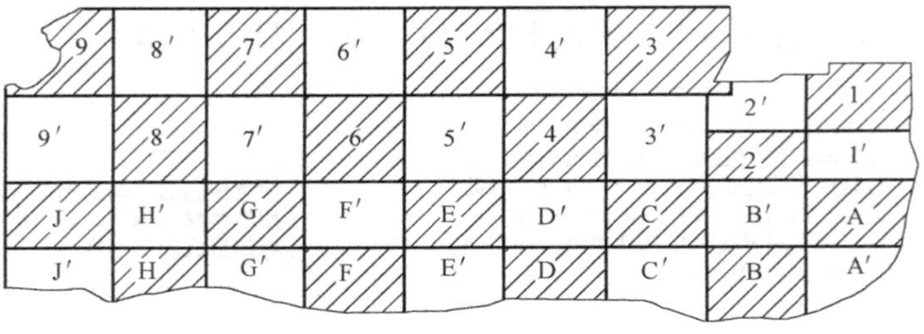

图 4-49　基础底板分仓示意图

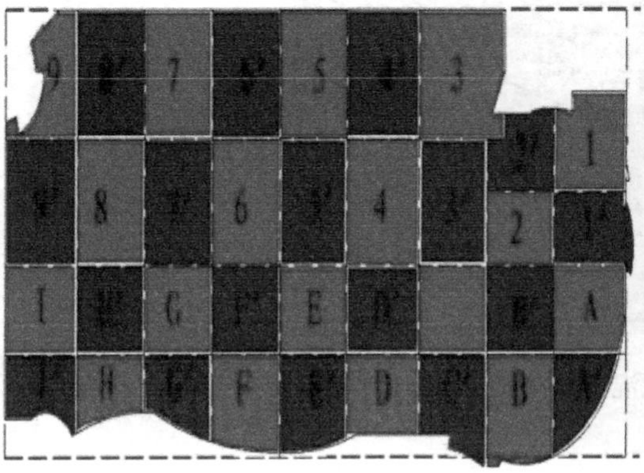

图 4-50　底板混凝土浇筑顺序示意图

图 4-51　基础筏板跳仓施工实例图

图 4-52　混凝土振捣

4.3.12　大体积混凝土的振捣

混凝土应采取振捣棒振捣；在振动界限以前对混凝土进行二次振捣，排除混凝土因泌水在粗骨料、水平钢筋下部生成的水分和空隙，提高混凝土与钢筋的握裹力，防止因混凝土沉落而出现的裂缝，减少内部微裂，增加混凝土密实度，使混凝土抗压强度提高，从而提高抗裂性。见图 4-52。

混凝土振捣施工要点：采用插入式振捣器振捣混凝土时，插入式振捣器的移动间距不宜大于振捣器作用半径的 1.5 倍，且插入下层混凝土内的深度宜为 50～100mm，与侧模应保持 50～100mm 的距离；当振动完毕需变换振捣器在混凝土拌合物中的水平位置时，应边振动边竖向缓慢提出振捣器，不得将振捣器放在拌和物内平拖。不得用振捣器驱赶混凝土；表面振捣器的移动距离应能覆盖已振动部分的边缘；附着式振捣器的设置间距和振动能量应通过试验确定，并应与模板紧密连接；对有抗冻要求的引气混凝土，不应采用高频振捣器振捣；应避免碰撞模板、钢筋及其他预埋部件；每一振点的振捣延续时间以混凝土不再沉落，表面呈现浮浆为度，防止过振、漏振；对于箱梁腹板与底板及顶板连接处的承托、预应力筋锚固区以及施工缝处等其他钢筋密集部位，宜特别注意振捣；当采用振动台振动时，应预先进行工艺设计。

4.3.13 大体积混凝土防裂技术措施

大体积混凝土工程施工前，宜对施工阶段大体积混凝土浇筑体的温度、温度应力及收缩应力进行试算，并确定施工阶段大体积混凝土浇筑体的升温峰值、里表温差及降温速率的控制指标，制定相应的温控技术措施；大体积混凝土配合比的设计除应符合工程设计所规定的强度等级、耐久性、抗渗性、体积稳定性等要求外，尚应符合大体积混凝土施工工艺特性的要求，并应符合合理使用材料、减少水泥用量、降低混凝土绝热温升值的要求；在确定混凝土配合比时，应根据混凝土的绝热温升、温控施工方案的要求等，提出混凝土制备时粗细骨料和拌合用水及入模温度控制的技术措施；在混凝土制备前，应进行常规配合比试验，并应进行水化热、泌水率、可泵性等对大体积混凝土控制裂缝所需的技术参数的试验；必要时其配合比设计应当通过试泵送；大体积混凝土应选用中、低热硅酸盐水泥或低热矿渣硅酸盐水泥，大体积混凝土施工所用水泥其 3d 的水化热不宜大于 240kJ/kg，7d 的水化热不宜大于 270kJ/kg；及时覆盖保温保湿材料进行养护，并加强测温管理；结合结构配筋，配置控制温度和收缩的构造钢筋；大体积混凝土浇筑宜采用二次振捣工艺，浇筑面应及时进行二次抹压处理，减少表面收缩裂缝。

4.3.14 混凝土现浇楼板质量通病防治的施工措施

现浇板混凝土应采用中粗砂，严把原材料质量关，优化配合比设计，适当减小水灰比；当需要采用减水剂来提高混凝土性能时，应采用减水率高、分散性能好、对混凝土收缩影响较小的外加剂，其减水率不应低于 8%；预拌混凝土的含砂率应控制在 40% 以内，每立方米混凝土粗骨料的用量不少于 1000kg，粉煤灰的掺量不宜大于水泥用量的 15%；预拌混凝土进场时应检查入模坍落度，坍落度值按施工规范采用；现浇板浇筑宜采用平板振动器振捣，在混凝土终凝前进行二次压抹；现浇板浇筑后，应在终凝后进行覆盖和浇水养护，养护时间不得少于 7d；对掺用缓凝型外加剂或有抗渗性能要求的混凝土，不得少于 14d；夏季应适当延长养护时间，以提高抗裂性能；冬季应适当延长保温和脱模时间，使其缓慢降温，以防温度骤变、温差过大引起裂缝；现浇板养护期间，当混凝土强度小于 1.2MPa 时，不得进行后续施工；当混凝土强度小于 10MPa 时，不得在现浇板上吊运、堆放重物；吊运、堆放重物时应减轻对现浇板的冲击影响；现浇板的板底宜采用免粉刷措施；混凝土浇筑时，对裂缝易发生部位和负弯矩筋受力最大区域，应铺设临时活动跳板，扩大接触面，分散应力，避免上层钢筋受到踩踏而变形，并配备专人及时检查调整。

4.3.15　剪力墙混凝土浇筑施工要点

如柱、墙的混凝土强度等级相同，可以同时浇筑，反之宜先浇筑柱混凝土，预埋剪力墙锚固筋，待拆柱模后，再绑剪力墙钢筋、支模、浇筑混凝土；剪力墙浇筑混凝土前，先在底部均匀浇筑5～10cm厚与墙体混凝土同配比减石子砂浆，并用铁锹入模，不应用料斗直接灌入模内（该部分砂浆的用量也应当经过计算，使用容器计量）；浇筑墙体混凝土应连续进行，间隔时间不应超过2h，每层浇筑厚度按照规范的规定实施，因此必须预先安排好混凝土下料点位置和振捣器操作人员数量；振捣棒移动间距应小于40cm，每一振点的延续时间以表面泛浆为度，为使上下层混凝土结合成整体，振捣器应插入下层混凝土5～10cm。振捣时注意钢筋密集及洞口部位，为防止出现漏振，须在洞口两侧同时振捣，下灰高度也要大体一致。大洞口的洞底模板应开口，并在此处浇筑振捣。见图4-53。

4.3.16　楼梯混凝土浇筑施工要点

楼梯段混凝土自上而下浇筑，先振实底板混凝土，达到踏步位置时再与踏步混凝土一起浇筑，不断连续向上推进，并随时用木抹子（或塑料抹子）将踏步上表面抹平；楼梯混凝土宜连续浇筑。施工缝位置：多层楼梯的施工缝应留置在楼梯段1/3的部位。见图4-54。

墙体混凝土浇筑高度应高出板底20～30mm。混凝土墙体浇筑完毕之后，将上口甩出的钢筋加以整理，用木抹子按标高线将墙上表面混凝土找平。

图4-53　剪力墙混凝土浇筑

所有浇筑的混凝土楼板面应当扫毛，扫毛时应当顺一个方向扫，严禁随意扫毛，影响混凝土表面的观感。

图4-54　楼梯混凝土浇筑

4.3.17　混凝土施工成品保护要点

要保证钢筋和垫块的位置正确，不得踩楼板、楼梯的分布筋、弯起钢筋、不得碰动预埋件和插筋；在楼板上搭设浇筑混凝土使用浇筑的人行道，保证楼板钢筋的负弯矩钢筋的位置；不用重物冲击模板，不在梁或楼梯踏步侧模板上踩踏，应搭设跳板，保护模板的牢固和严密；已浇筑楼板，楼梯踏步的上表面混凝土要加以保护，必须在混凝土强度达到1.2MPa以后，方准在面上进行操作及安装结构用的支架和模板；在浇筑混凝土时，要对已经完成的成品进行保护，对浇筑上层混凝土时留下的水泥浆要派专人及时清理干净，洒落的混凝土也要随时清理干净；对阳角等易碰坏的地方，应当有保护措施；冬期施工在已浇筑的楼板上覆盖时，要在脚手板上操作，尽量不踏脚印。见图 4-55。

4.3.18 混凝土工程优秀节点做法

1. 楼板厚度控制方法

（1）平台板模板支设完成后，有柱钢筋上逐一测量 50 线位置标高。详见图 4-56。

图 4-55 混凝土成品保护

图 4-56

（2）混凝土浇筑过程中用测板工具一边测一边收头，浇筑过程中应用探针。也可应用预制混凝土块浇筑过程中与探针相结合。见图 4-57。

（3）板面收光时拉线，再次检测板厚。见图 4-58。

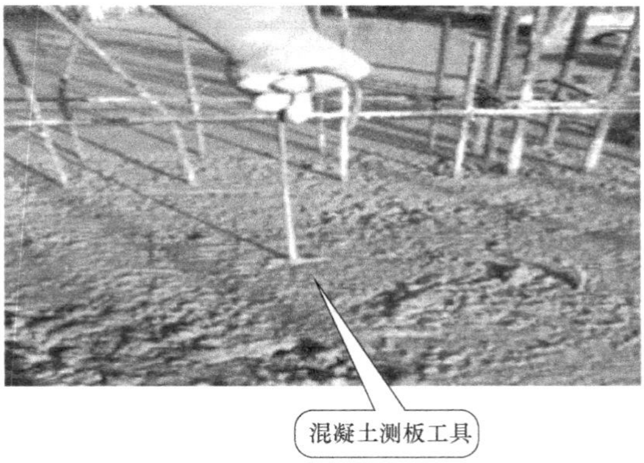

图 4-57

图 4-58

2. 剪力墙下设角钢

施工说明：剪力墙根部模板下口设角钢，有效防止剪力墙根部漏浆，确保墙根成形顺直无漏浆烂根现象。见图 4-59。

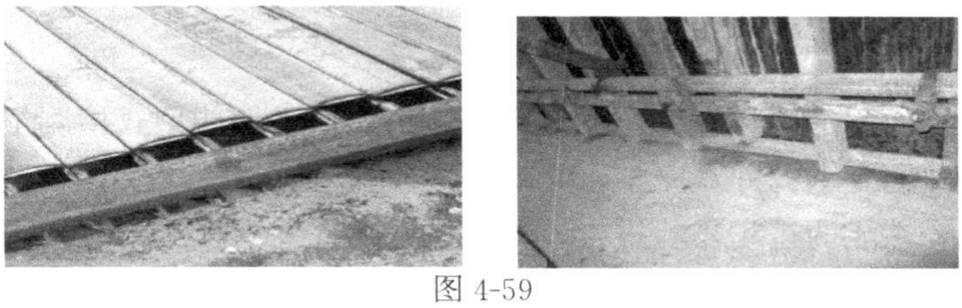

图 4-59

5 砌体工程、机电预留预埋

5.1 砌体工程

5.1.1 施工依据

施工单位应结合施工图纸、规范要求、合同内容等编制砌体结构工程施工方案，并应经监理单位审核批准后组织实施。施工方案中应包含“砌筑样板引路”的相关要求。

5.1.2 砌体工程样板

在砌体工程开始前，要先做出样板墙，样板墙应请建设单位、监理单位、劳务单位共同进行验收，满意合格后方可作为大面积砌筑施工的依据。样板确定后，相关部门对操作人员做好技术交底工作。砌体施工样板可在楼内相应施工部位设置，也可以在施工场区内划定专门的样板展示区，见图 5-1、图 5-2。

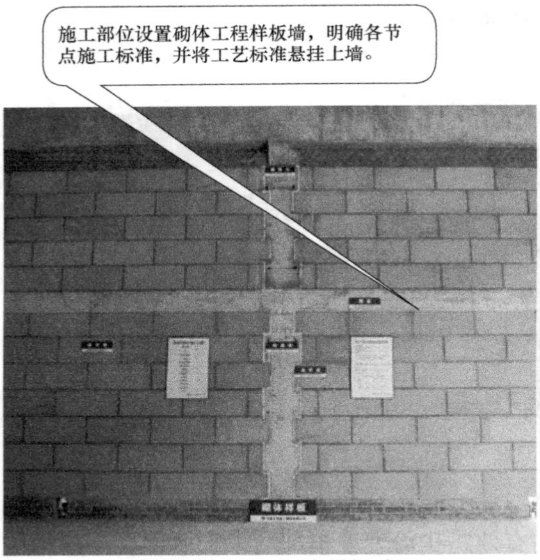

图 5-1　施工部位样板墙

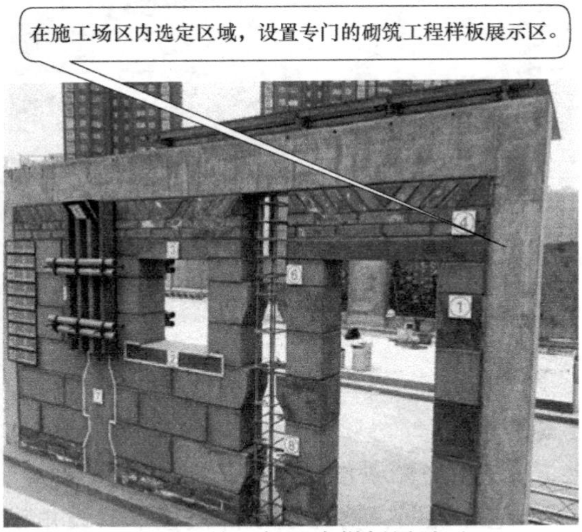

在施工场区内选定区域，设置专门的砌筑工程样板展示区。

图 5-2　施工场区内样板展示区

5.1.3 砌体材料进场

砌体结构工程所用的材料应有产品的合格证书、产品性能型式检测报告，质量应符合国家现行有关标准的要求，外观完整，无缺棱掉角，观感优良。块体、砂浆、钢筋、外加剂尚应有材料主要性能的进场复验报告，并应符合设计要求。严禁使用国家明令淘汰的材料，见图 5-3、图 5-4。

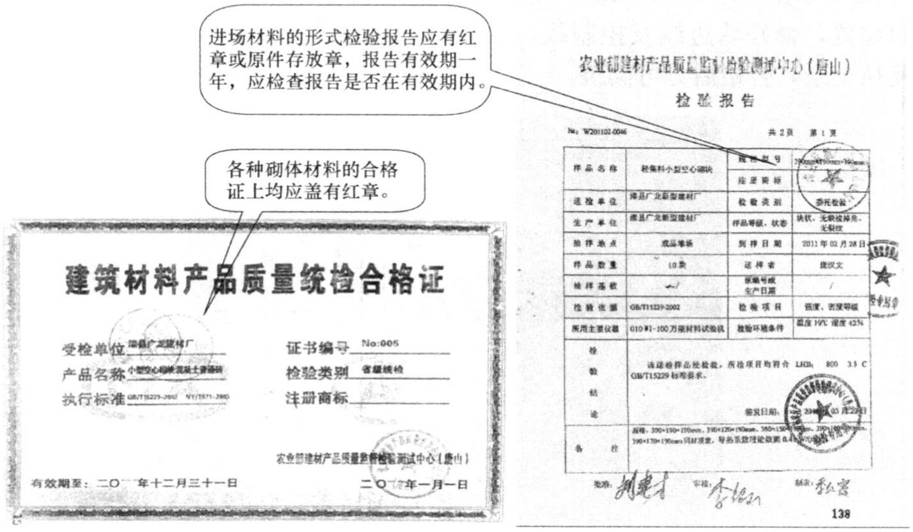

图 5-3 砌体材料合格证及型式报告

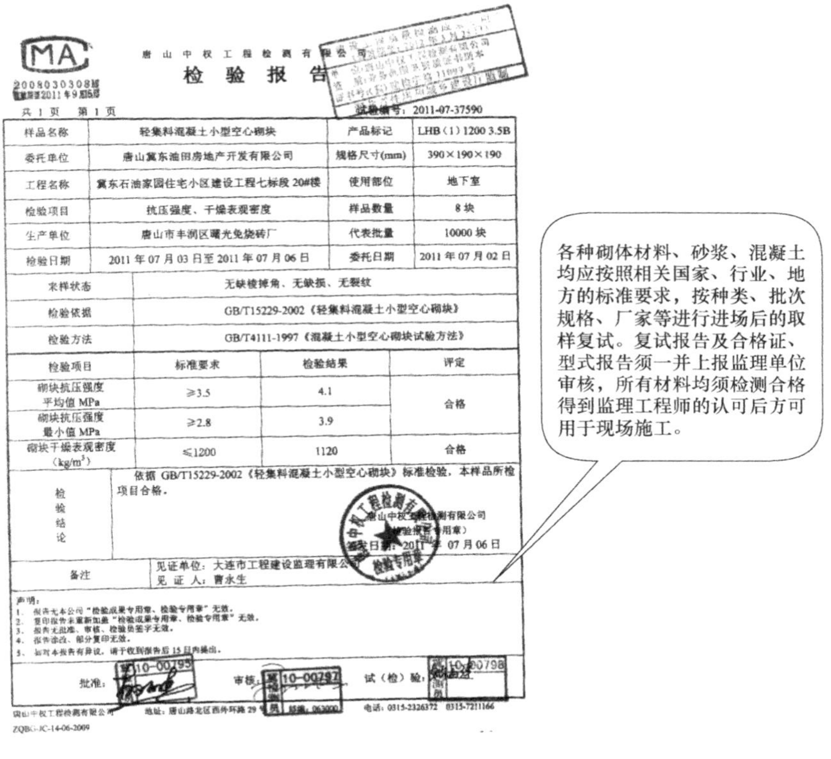
唐山中权工程检测有限公司

检验报告

共1页 第1页　　试验编号：2011-07-37590

样品名称	轻集料混凝土小型空心砌块	产品标记	LHB（1）1200 3.5B
委托单位	唐山冀东油田房地产开发有限公司	规格尺寸(mm)	390×190×190
工程名称	冀东石油家园住宅小区建设工程七标段20#楼	使用部位	地下室
检验项目	抗压强度、干燥表观密度	样品数量	8块
生产单位	唐山市丰润区曙光免烧砖厂	代表批量	10000块
检验日期	2011年07月03日至2011年07月06日	委托日期	2011年07月02日
来样状态	无缺棱掉角、无缺损、无裂纹		
检验依据	GB/T15229-2002《轻集料混凝土小型空心砌块》		
检验方法	GB/T4111-1997《混凝土小型空心砌块试验方法》		

检验项目	标准要求	检验结果	评定
砌块抗压强度平均值 MPa	≥3.5	4.1	合格
砌块抗压强度最小值 MPa	≥2.8	3.9	
砌块干燥表观密度（kg/m³）	≤1200	1120	合格

检验结论：依据GB/T15229-2002《轻集料混凝土小型空心砌块》标准检验，本样品所检项目合格。

唐山中权工程检测有限公司（检验报告专用章）

签发日期：2011年07月06日

备注：见证单位：大连市工程建设监理有限公司　见证人：曹永生

声明：
1. 报告无本公司“检验成果专用章、检验专用章”无效。
2. 复印报告未重新加盖“检验成果专用章、检验专用章”无效。
3. 报告无批准、审核、检验负签字无效。
4. 报告涂改、部分复印无效。
5. 如对本报告有异议，请于收到报告后15日内提出。

批准：　审核：　试（检）验：

唐山中权工程检测有限公司　地址：唐山路北区西外环路29号　邮编：063000　电话：0315-2326372　0315-7211166

ZQBG-JC-14-06-2009

图 5-4 砌体材料进场复试报告

5.1.4 砌体施工定位放线

砌体施工前，应将楼层结构面按标高找平，依据施工图放出砌体墙的轴线、边线和洞口线。可在结构墙柱上按＋1m线分别画出砌块层数，画好灰缝厚度，并保证其垂直，标出门窗口位置，弹好墙边线及控制线，见图5-5～图5-7。对控制线的准确性进行复核，并形成复核记录，合格后方可砌筑。

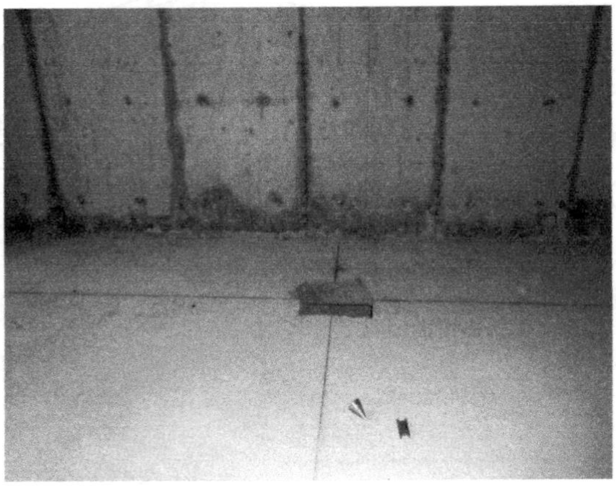

图5-5　先从放线孔（基准控制点）引线，经反复校核后，再定点弹线

以纵轴线为基准线，弹出墙身控制线，控制线间距离为整数。
房间以纵横二线为基准线，依据基准线引出房间所有控制线，并进行复核校对。

图5-6　砌体结构平面放线

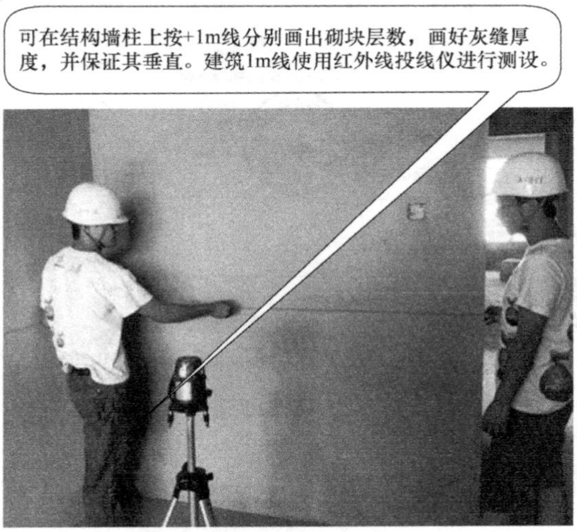

图5-7　结构墙柱上标高控制线

5.1.5 砌体砌筑方法

（1）砌块排列尽量采用主规格砌块，减少品种，减少切割开缝，以保证墙体良好的整体性。组砌方法应正确，上、下错缝，交接处咬槎搭砌，掉角严重的砌块严禁使用，见图5-8～图5-10。

墙体转角处和纵横墙交接处应设构造柱。设有钢筋混凝土构造柱的墙体，应先绑扎构造柱钢筋，然后砌墙，最后支模浇筑混凝土。砌体墙应砌成马牙槎（五退五进，先退后进），砌体的转角处和交接处应同时砌筑。

图5-8　砌块砌体转角处应同时砌筑

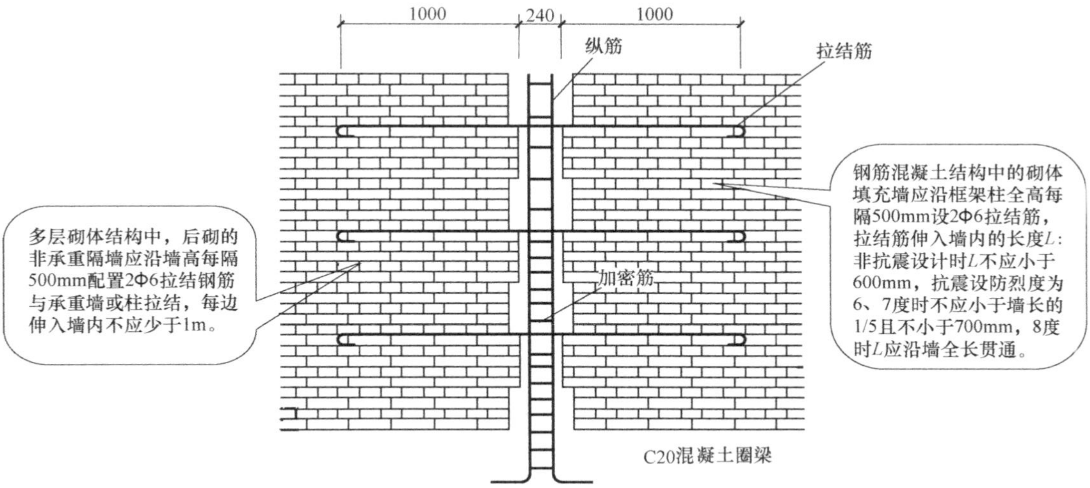

1000
240
1000
纵筋
拉结筋
钢筋混凝土结构中的砌体填充墙应沿框架柱全高每隔500mm设2Φ6拉结筋，拉结筋伸入墙内的长度L：非抗震设计时L不应小于600mm，抗震设防烈度为6、7度时不应小于墙长的1/5且不小于700mm，8度时L应沿墙全长贯通。
多层砌体结构中，后砌的非承重隔墙应沿墙高每隔500mm配置2Φ6拉结钢筋与承重墙或柱拉结，每边伸入墙内不应少于1m。
加密筋
C20混凝土圈梁

图5-9　砖砌体结构拉结筋设置

（2）砖砌体的灰缝应横平竖直，厚薄均匀。水平缝厚度和竖向灰缝宽度宜为10mm，但不应小于8mm，且不应大于12mm，见图5-11、图5-12。

（3）小砌块砌体的灰缝应横平竖直。水平缝厚度和竖向灰缝宽度宜为10mm，但不应小于8mm，且不应大于12mm。砌块砌体墙体构造应符合设计及相关规范、标准图集做法，见图5-13～图5-18。

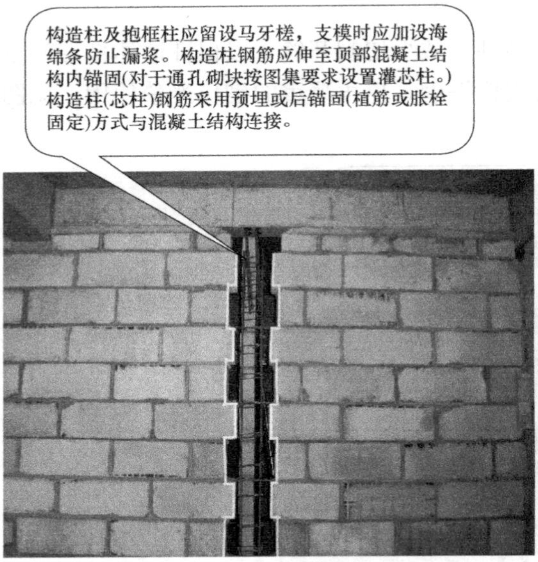
构造柱及抱框柱应留设马牙槎，支模时应加设海绵条防止漏浆。构造柱钢筋应伸至顶部混凝土结构内锚固(对于通孔砌块按图集要求设置灌芯柱。)构造柱(芯柱)钢筋采用预埋或后锚固(植筋或胀栓固定)方式与混凝土结构连接。

图 5-10　砌体墙构造柱

砖砌体的转角处和交接处应同时砌筑，严禁无可靠措施的内外墙分砌施工，对不能同时砌筑而又必须留置的临时间断处应砌成斜槎，斜槎水平投影长度不应小于高度2/3、多孔砖砌体的斜槎长高比不应小于1/2。斜槎高度不得超过一步脚手架高度。

图 5-11　砖砌体转角墙

与构造柱相邻部位砌体应砌成马牙槎，马牙槎应先进后退，每个马牙槎沿高度方向的尺寸不宜超过300mm，凹凸尺寸宜为60mm。

图 5-12　砖砌体构造柱马牙槎

中小型砌块墙体应对孔错缝搭砌，搭接长度不应小于90mm。承重墙严禁采用断裂小砌块，小砌块应底面朝上反砌于墙上(针对盲孔砌块)。墙体转角处和纵横墙交接处应同时砌筑。

图 5-13　砌块砌体墙面

（4）根据《砌体结构工程施工质量验收规范》GB 50203 规定：在厨房、卫生间、浴室等处采用轻骨料混凝土小型空心砌块、蒸压加气混凝土砌块砌筑墙体时，墙底部宜现浇混凝土坎台，反坎厚度同墙厚，高度宜为 150mm。模板采用定型模板、定型卡具，安装牢固，支模前对导墙部位进行凿毛处理，同时完成线管预埋。反坎混凝土浇筑前，须浇水湿润，浇筑过程中做好混凝土振捣工作。见图 5-19～图 5-22。

对于通孔砌块按图集要求设置灌芯柱。芯柱钢筋采用预埋或后锚固(植筋或胀栓固定)方式与混凝土结构连接。

图 5-14 砌块砌体芯柱

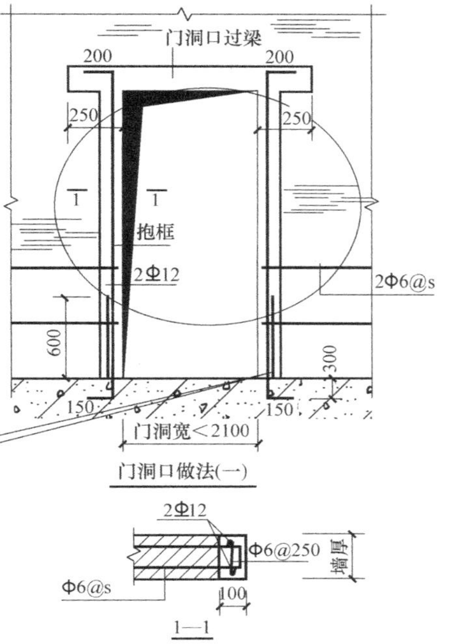

门窗洞口两侧应按设计、规范、图集要求设抱框柱，洞顶应设过梁。

图 5-15 砌块砌体门洞口构造

当墙体净高超过4m时应在墙体中部设置圈梁(现浇混凝土带)，圈梁沿墙通长，在门窗洞口处宜与过梁结合，圈梁截面、配筋、混凝土强度等级应符合设计及规范、图集要求。窗口下部应设置窗台梁，窗台梁不沿墙通长。

图 5-16 砌体门圈梁构造

可根据设计要求的标准图集，采用专门的U形砌块灌注混凝土作为砌块墙体圈梁构造。

图 5-17　砌体 U 形块圈梁构造

图 5-18　砌块墙体拉结筋做法

图 5-19　二次结构混凝土坎台模板搭设及坎台成型效果

图 5-20　空心砌块墙下第一皮砌块灌实混凝土

图 5-21　砌块墙墙顶做法

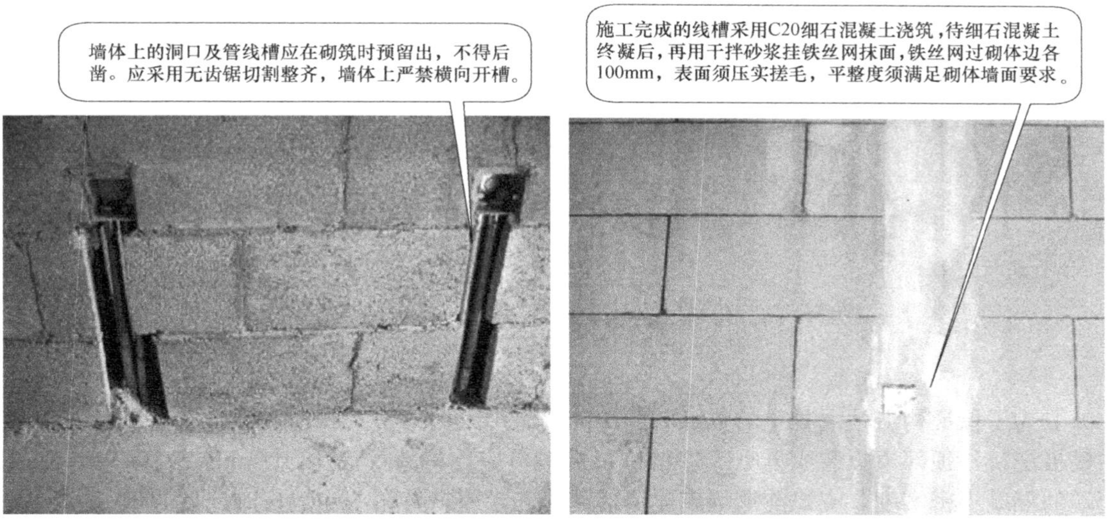

墙体上的洞口及管线槽应在砌筑时预留出，不得后凿。应采用无齿锯切割整齐，墙体上严禁横向开槽。
施工完成的线槽采用C20细石混凝土浇筑，待细石混凝土终凝后，再用干拌砂浆挂铁丝网抹面，铁丝网过砌体边各100mm，表面须压实搓毛，平整度须满足砌体墙面要求。

图 5-22　水电管预埋套砌做法

(5) 填充墙顶部处理

工序：顶部斜砖位置留设→切砖→砌斜砖、安放预制三角混凝土块→清缝。

工艺方法：填充墙砌筑至梁、板底时，留 200mm 左右空隙，根据斜砌需要把砖切成平行四边形，待填充墙砌筑完并至少间隔 14d 后，再用实心砖将其斜砌，斜砌角度 45°～60°，逐块斜砌挤紧，端部及中间采用预制三角混凝土块。见图 5-23、图 5-24。

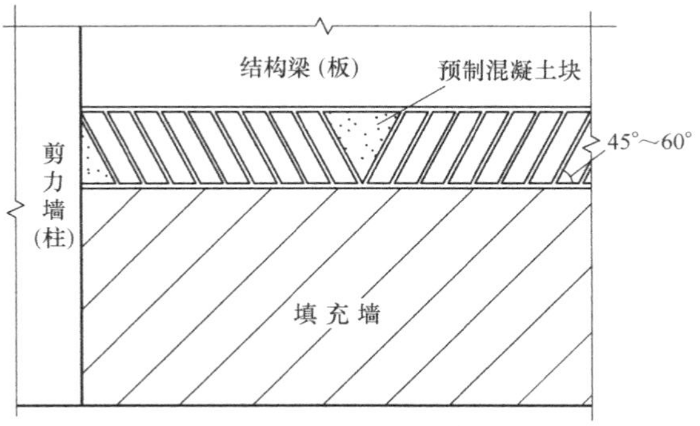

图 5-23　顶部斜砌示意图

(6) 管线穿混凝土过梁处理

工序：模板搭设→预埋套管→浇筑混凝土过梁。

工艺方法：当有线管穿过过梁时可采用预制过梁内预埋 PVC 套管的方式，预留套管比管线大 2mm。见图 5-25～图 5-27。

图 5-24　顶部斜砌实例图

为了保证构造柱混凝土的强度和两次浇捣时结合面的密实和整体性，一般采用漏斗型模板浇筑，顶部模板装成喇叭式进料口，进料口应比构造柱高出 100mm，确保构造柱顶端的混凝土密实度，浇捣前润湿砌体留槎部位和模板，有利于构造柱的成型质量。

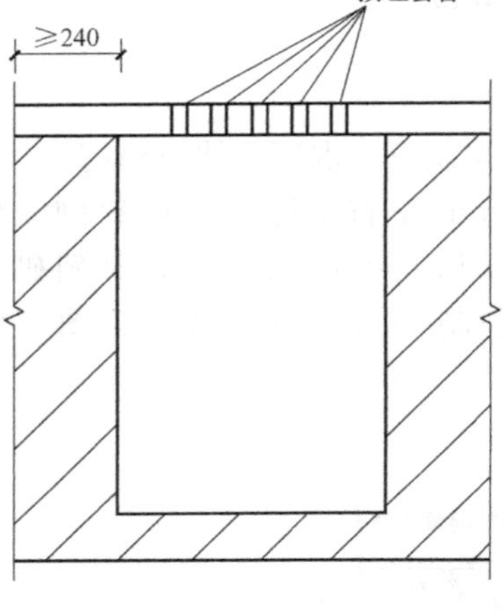

图 5-25　预制过梁预埋套管示意图

图 5-26　过梁预埋套管实例图

图 5-27　构造柱封模及漏斗样板

（7）窗台

窗台压顶施工时不得预留口后浇，过梁伸入墙体不少于200mm，厚度小于80mm。模板安装时固定件不得穿过墙体。见图5-28。

图5-28　窗台过梁样板

5.2　机电预留预埋

水电专业预留套管及木盒安装前应刷隔离剂，方便模具的取出并能保证混凝土预留洞口的几何尺寸不受破坏。混凝土顶板的模具、套管应在混凝土达到终凝后再拆除取出，避免板面上人过早留下脚印且对预留洞口的几何尺寸造成变形、损坏（图5-29～图5-40）。

顶板预留洞采用钢管做模板，钢管顶加钢板封堵避免混凝土浇入套管内。
钢筋可适当弯曲绕过洞口。

图5-29　顶板预留洞预埋钢管做法

预留孔洞位置捣固时，捣固棒不能离孔模太近，为防止孔模位置偏移可使用铁丝将孔模与相邻钢筋绑牢。
预留孔洞位置准确

图 5-30　顶板预留洞做法

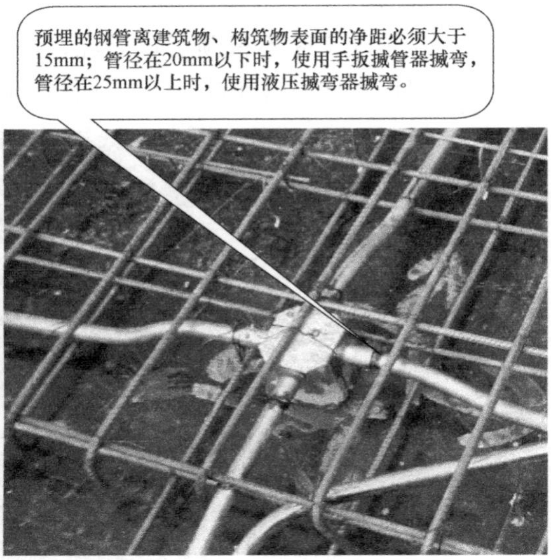
预埋的钢管离建筑物、构筑物表面的净距必须大于15mm；管径在20mm以下时，使用手扳摵管器摵弯，管径在25mm以上时，使用液压摵弯器摵弯。

图 5-31　预埋钢管位置做法

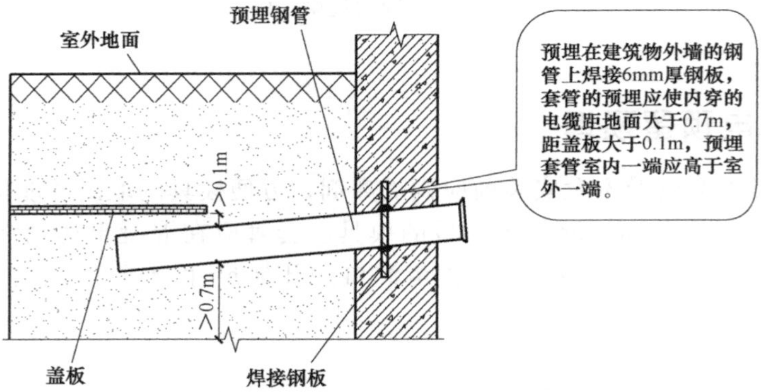
预埋钢管
室外地面
>0.1m
>0.7m
盖板
焊接钢板
预埋在建筑物外墙的钢管上焊接6mm厚钢板，套管的预埋应使内穿的电缆距地面大于0.7m，距盖板大于0.1m，预埋套管室内一端应高于室外一端。

图 5-32　外墙预埋钢管做法

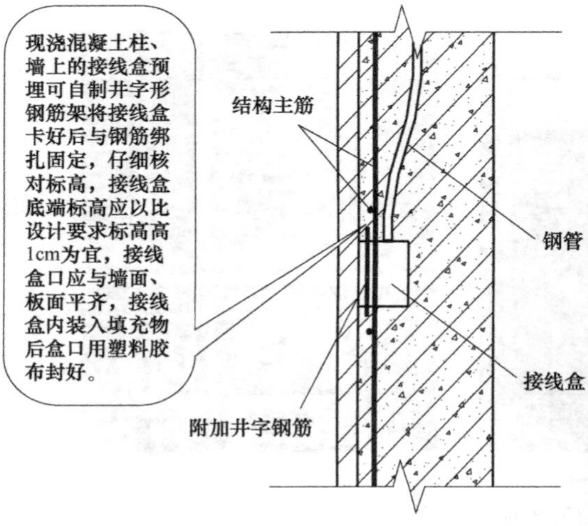
现浇混凝土柱、墙上的接线盒预埋可自制井字形钢筋架将接线盒卡好后与钢筋绑扎固定，仔细核对标高，接线盒底端标高应以比设计要求标高高1cm为宜，接线盒口应与墙面、板面平齐，接线盒内装入填充物后盒口用塑料胶布封好。
结构主筋
钢管
接线盒
附加井字钢筋

图 5-33　墙、柱接线盒做法

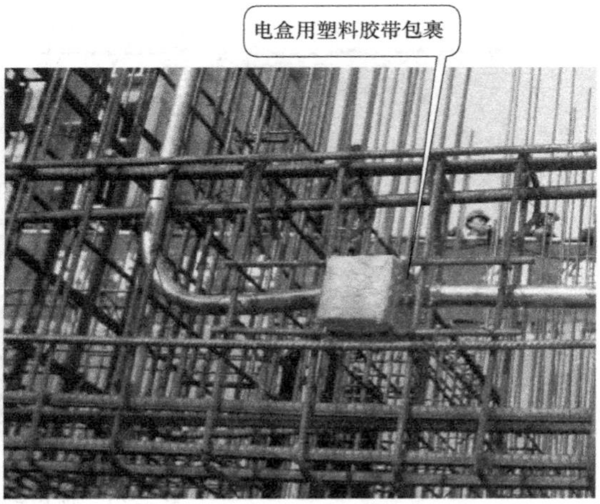
电盒用塑料胶带包裹

图 5-34　电盒塑料胶带包裹做法

线缆导管上的密闭翼环的厚度一般不小于3mm，导管出墙面不小于50mm。

图 5-35　线缆导管做法

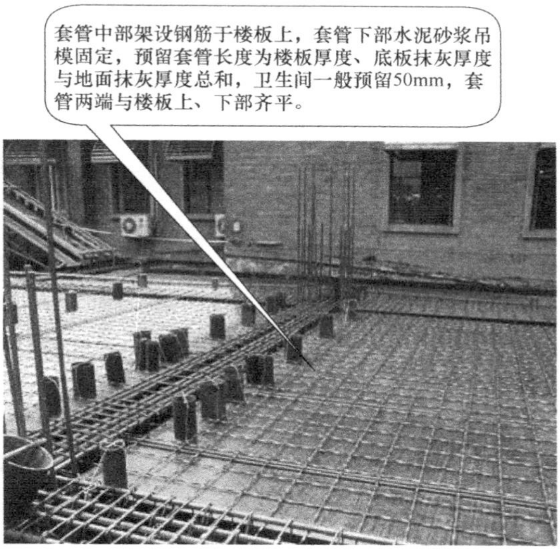

套管中部架设钢筋于楼板上，套管下部水泥砂浆吊模固定，预留套管长度为楼板厚度、底板抹灰厚度与地面抹灰厚度总和，卫生间一般预留50mm，套管两端与楼板上、下部齐平。

图 5-36　楼板预留钢管固定做法

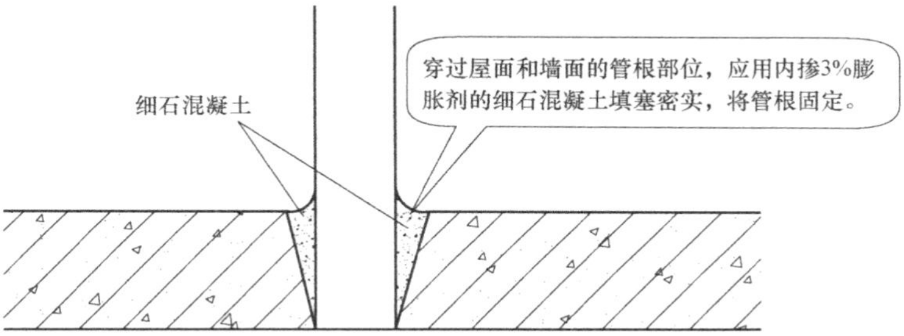

细石混凝土
穿过屋面和墙面的管根部位，应用内掺3%膨胀剂的细石混凝土填塞密实，将管根固定。

图 5-37　楼板管根做法

附加钢筋，与墙、柱钢筋绑扎，不得焊接固定。
电盒预埋正确，不应出现过凹或过凸现象。

图 5-38　电盒固定与预埋位置要求

图 5-39　电管、电盒预埋错误做法

图 5-40　避雷引线做法

6　屋面工程

6.1　排气孔（图 6-1～图 6-5）

（1）位置、高度、方向等，事前策划，做法一致；

（2）排气道通常设置间距小于 6m，排气道所围面积小于 $36m^2$。

6.2　分格缝（图 6-6～图 6-10）

（1）压边采用豆石混凝土直接压光或采用砂浆打底和砂浆罩面的两遍做法：底宽宜 15～20cm、高度不小于 25cm、弧度连续。

（2）压边分格约 1m 一道，缝宽 1cm，缝深到底。

（3）沥青砂勾缝或弹性材料填缝，表面平整光滑。

（4）上人屋面为保证整体美观，压边装饰可采用粘贴瓷砖、石材等方式。

6.3　出屋面管道

（1）出屋面柱体、风帽基座、管道等均制作统一高度、弧度的压边，应保证整体美观的效果（图 6-11～图 6-13）。

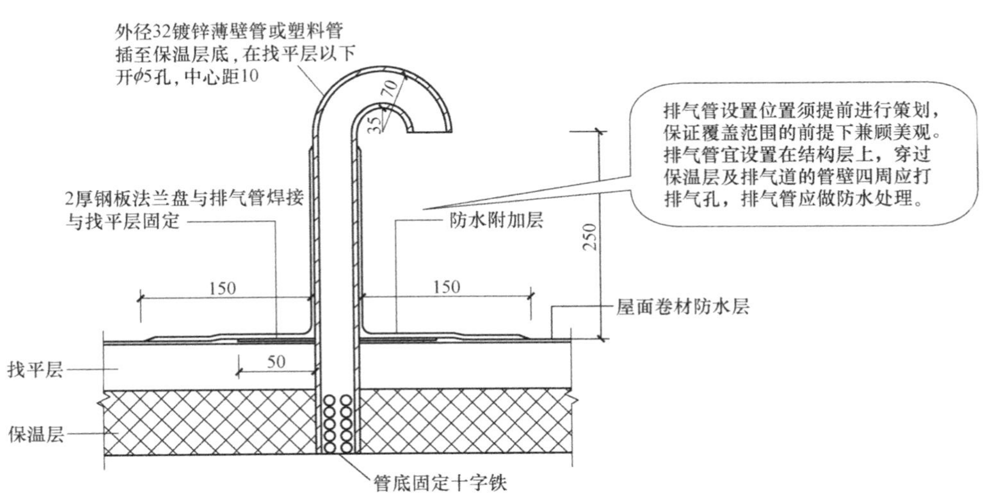

图 6-1　排气孔做法示意图

排气口的高度、方向、做法等应一致；屋面排气孔设置应横竖成行，宜设置在纵横分格缝的相交点处。

图 6-2　排气孔位置示意

图 6-3　上人屋面排气孔景观装饰（一）

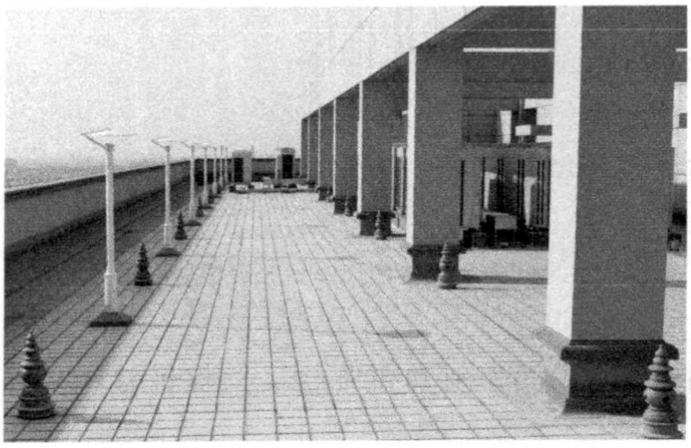

图 6-4　上人屋面排气孔景观装饰（二）

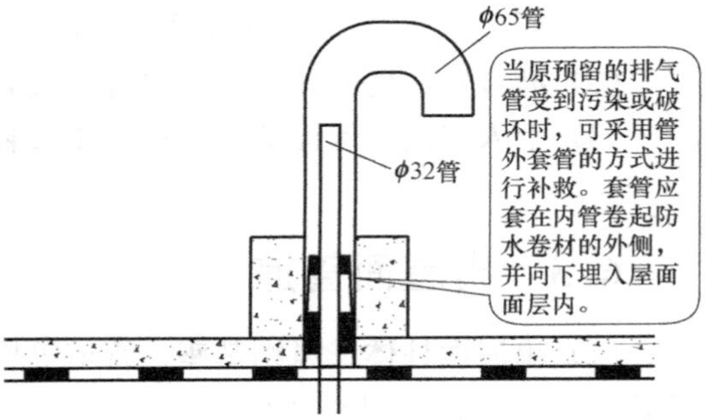

图 6-5　破损排气管补救示意

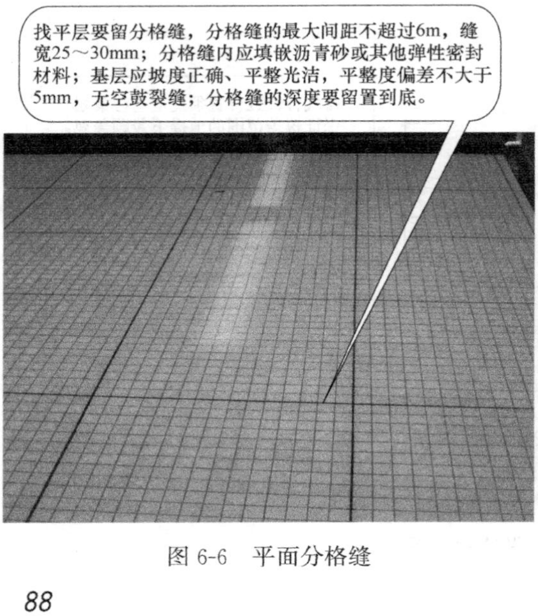

找平层要留分格缝，分格缝的最大间距不超过6m，缝宽25～30mm；分格缝内应填嵌沥青砂或其他弹性密封材料；基层应坡度正确、平整光洁，平整度偏差不大于5mm，无空鼓裂缝；分格缝的深度要留置到底。

图 6-6　平面分格缝

图 6-7　分格缝顺直、宽度一致

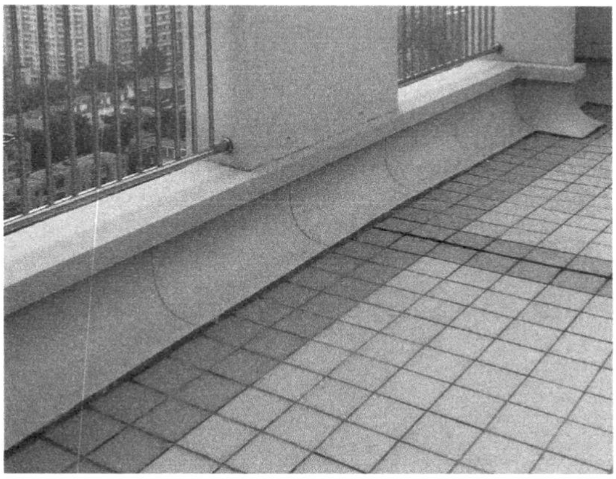

图 6-8 压边分格

图 6-9 瓷砖粘贴压边装饰

图 6-10 石材粘贴压边装饰

图 6-11 出屋面管道

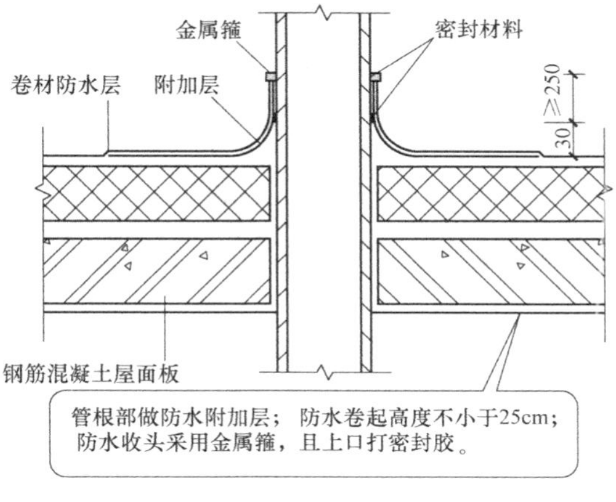

图 6-12 伸出屋面管道做法

（2）出屋面管道与屋面关系处理（图 6-14～图 6-18）。

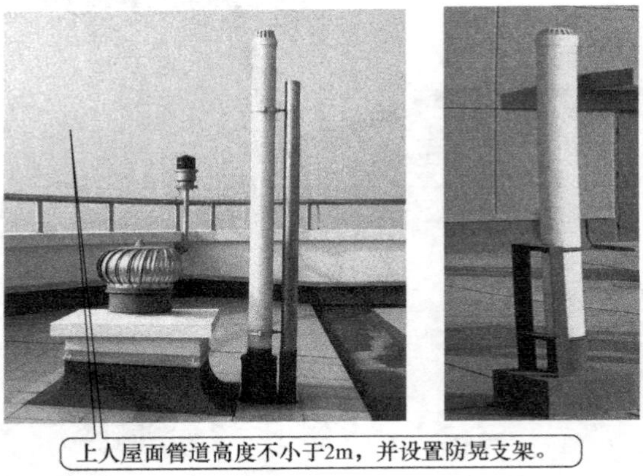

上人屋面管道高度不小于2m，并设置防晃支架。

图 6-13　管道防晃措施

管道根部按照防水要求做八字角和附加层，卷材卷起至少250mm，上端用卡箍固定。砂浆墩与管道之间填塞柔性防水嵌缝油膏。砂浆墩外侧可根据设计要求的颜色和材质涂刷防水型外墙涂料。

图 6-14　管根部做法（一）

支架根部在做找平层时先做好混凝土墩，防水卷材卷到混凝土墩上部。然后做砂浆保护层，保护层与管道支架之间填塞柔性防水嵌缝油膏。

图 6-15　管根部做法（二）

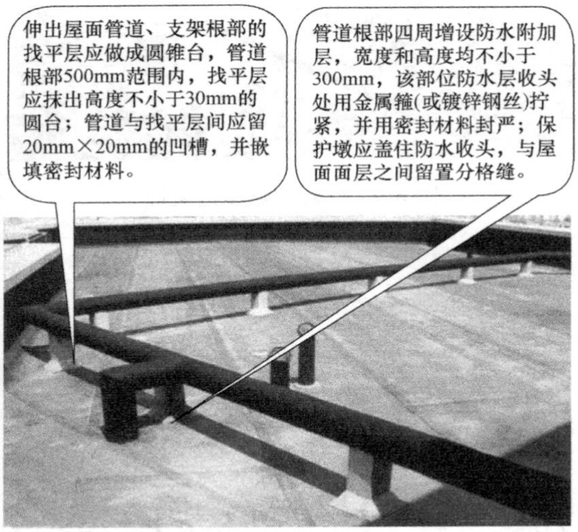

图 6-16　管根部做法（三）

（3）排风道（图 6-19、图 6-20）。

（4）雨水口（图 6-21、图 6-22）。

（5）雨水管（图 6-23～图 6-25）。

图 6-17 屋面横管应设跨管台阶（一）

屋面横管的跨管台阶应按设计要求设置，荷载不应对屋面整体造成影响。

图 6-18 屋面横管应设跨管台阶（二）

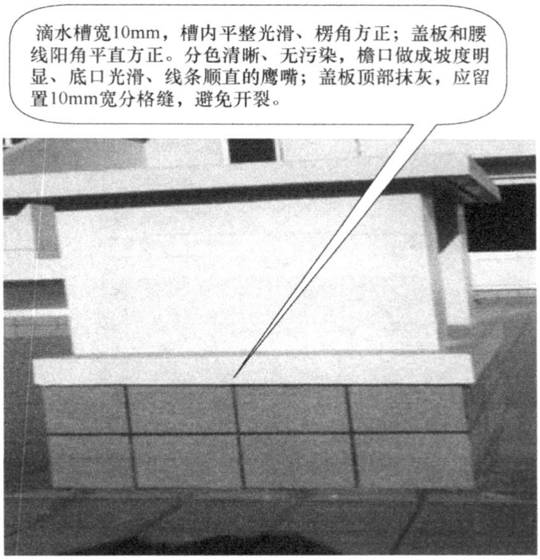

滴水槽宽10mm，槽内平整光滑、楞角方正；盖板和腰线阳角平直方正。分色清晰、无污染，檐口做成坡度明显、底口光滑、线条顺直的鹰嘴；盖板顶部抹灰，应留置10mm宽分格缝，避免开裂。

图 6-19 平屋面排风道

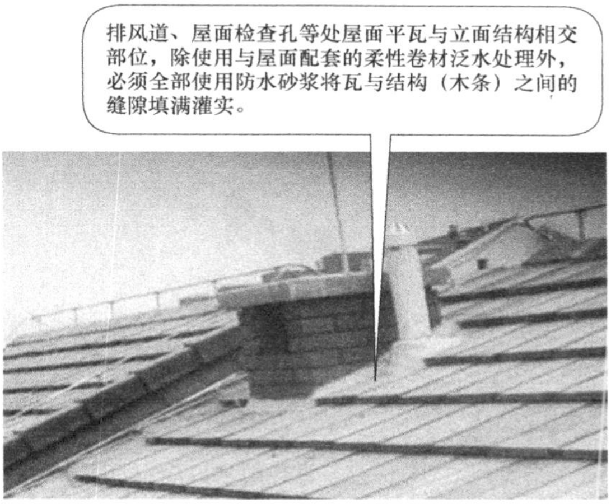

排风道、屋面检查孔等处屋面平瓦与立面结构相交部位，除使用与屋面配套的柔性卷材泛水处理外，必须全部使用防水砂浆将瓦与结构（木条）之间的缝隙填满灌实。

图 6-20 斜屋面排风道

6.4 屋面防水

（1）卷材防水（图 6-26、图 6-27）。

（2）涂料防水（图 6-28）。

6.5 饰面砖铺贴（图 6-29）

通过事先绘制排砖图确定详细的地砖铺贴做法，当排砖模数不够整块砖尺寸时，将非整块砖赶至分格缝处，并采用不同颜色地砖进行铺贴，并使缝边不同颜色地砖铺贴宽度一致，确保砖面层整体美观。

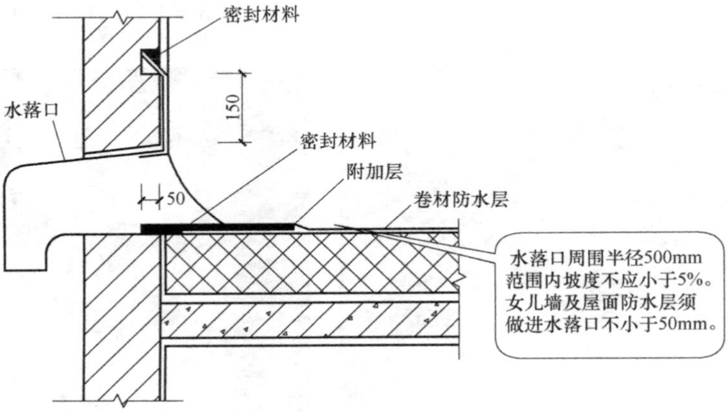

图 6-21　横式雨水口

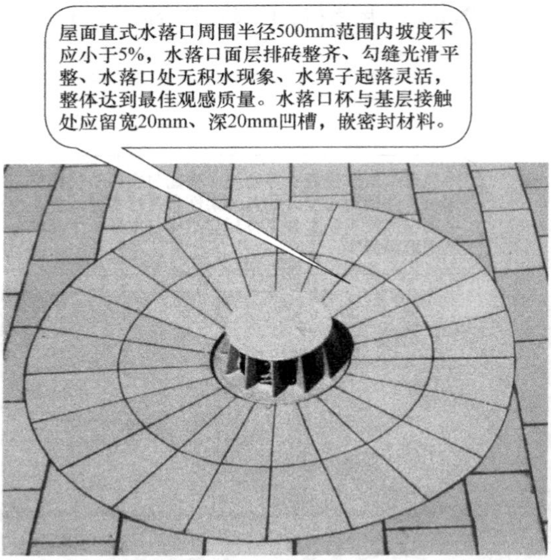

屋面直式水落口周围半径500mm范围内坡度不应小于5%，水落口面层排砖整齐、勾缝光滑平整、水落口处无积水现象、水箅子起落灵活，整体达到最佳观感质量。水落口杯与基层接触处应留宽20mm、深20mm凹槽，嵌密封材料。

图 6-22　直式雨水口

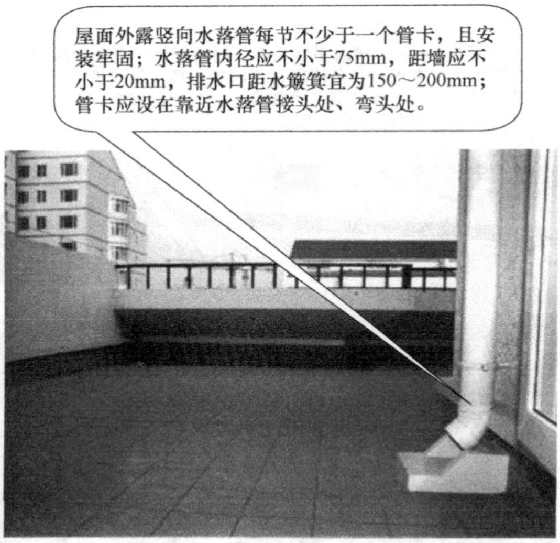

屋面外露竖向水落管每节不少于一个管卡，且安装牢固；水落管内径应不小于75mm，距墙应不小于20mm，排水口距水簸箕宜为150～200mm；管卡应设在靠近水落管接头处、弯头处。

图 6-23　雨水管下端设水簸箕

水簸箕可以采用如图的石材边角料加工制作；或按照传统做法采用砂浆制品。也可以采购成品水簸箕。

图 6-24　水簸箕

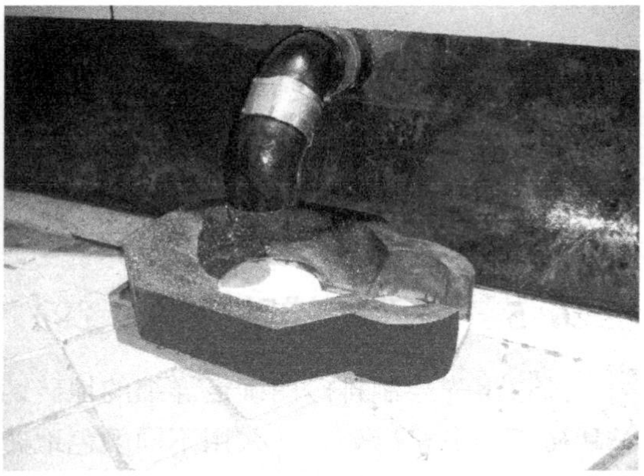

图 6-25　上人屋面宜采用成品水簸箕突出装饰效果

卷材从屋面最低标高向上铺贴，卷材长度与流水坡度垂直，搭接缝顺流水方向；上下层卷材不得相互垂直铺贴，上下层卷材长边搭缝应错开幅宽的1/3以上。

图 6-26　防水卷材铺贴

卷材搭接宽度（mm）　　表 6-1

材料类别		搭接宽度
合成高分子防水材料	胶粘剂	80
	胶粘带	50
	单缝焊	60，有效焊接宽度不小于 25
	双缝焊	80，有效焊接宽度 10×2+空腔宽
高聚物改性沥青防水卷材	胶粘剂	100
	自粘	80

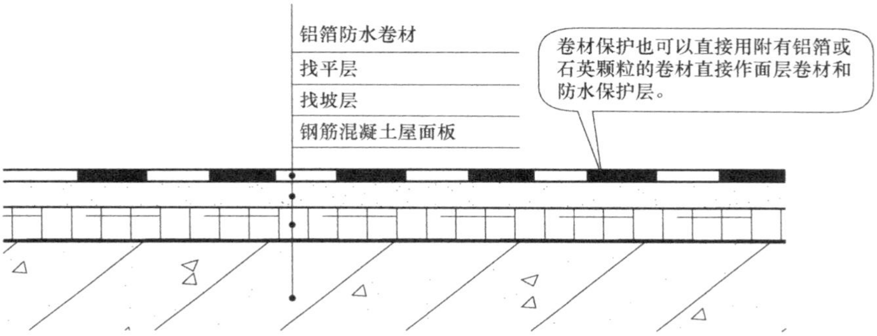

图 6-27　铝箔防水卷材

所有阴阳角、预埋筋穿出处应事先做好圆弧；圆弧处粘贴附加层，涂刷严密。
涂刷前，基层应干燥、平整。涂刷厚度符合设计要求。成膜前不得污染、踩踏或淋水。

图 6-28　涂料防水施工

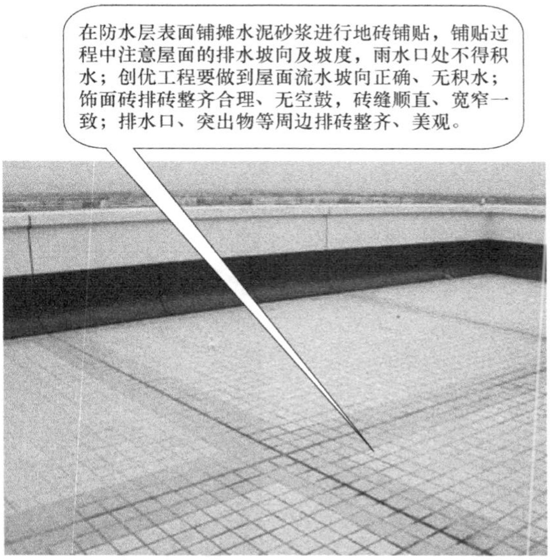

在防水层表面铺摊水泥砂浆进行地砖铺贴，铺贴过程中注意屋面的排水坡向及坡度，雨水口处不得积水；创优工程要做到屋面流水坡向正确、无积水；饰面砖排砖整齐合理、无空鼓，砖缝顺直、宽窄一致；排水口、突出物等周边排砖整齐、美观。

图 6-29　楼面地砖铺贴

6.6 挂瓦坡屋面（图 6-30～图 6-34）

（1）应先将基层清理干净，保温板块应铺平垫稳。

（2）粘贴的板块保温材料应贴严、粘牢。水落口周围直径 500mm 范围内应保证坡度不小于 5%，以满足规范规定的排水坡度要求。

（3）相邻板的板缝及上下层板缝应相互错开。施工保温板时，一般宜铺设至女儿墙边；若遇天沟，板材宜铺至距天沟边约 50mm 处。

保温层设于防水层之上，上部为35mm(设计确定)厚C15细石混凝土找平层(配ϕ6@500mm×600mm钢筋网与屋面预留的钢筋固定)。

图 6-30 挂瓦坡屋面施工（一）

挂瓦采用木方，底层为顺水条，上层为挂瓦条，顺水条与挂瓦条形成整网与预埋在屋顶结构板上的ϕ6钢筋连接，挂瓦条应分档均匀，铺钉平整、牢固，挂瓦条木方均要进行防腐处理，还需用涂料将连接筋根部涂刷严密，以防腐防渗。

图 6-31 挂瓦坡屋面施工（二）

为保证屋面达到三线标齐，应在屋檐第一排瓦和屋脊处最后一排瓦施工前进行预铺瓦，大面积利用平瓦扣接的调整范围来调节瓦片。大面积铺挂的平瓦上下两层之间的拼缝位置，要求错开半块瓦的宽度(上下两层瓦的光面与麻面不允许在同一条线上)；小范围(局部）由于受到结构翻沿的影响，可以使用水泥砂浆抹灰后做假瓦施工。

图 6-32 挂瓦坡屋面施工（三）

第一块瓦找准位置后，使用钢钉在2个预留孔隙穿过后，将瓦片固定在挂瓦条上；接下来将第二块瓦压接在第一块瓦面上，调整位置，确保搭接边筋咬合完整，瓦片方正。

图 6-33　挂瓦坡屋面施工（四）

平瓦、波形瓦的瓦头挑出封檐板的长度宜为50～70mm，如果瓦的尺寸较大，可适当加大，但不大于100mm。

图 6-34　挂瓦坡屋面施工（五）

6.7　变形缝

变形缝的设计构造应符合设计要求，不得有渗漏和积水现象，泛水高度设计附加层应符合设计要求。见图 6-35、图 6-36。

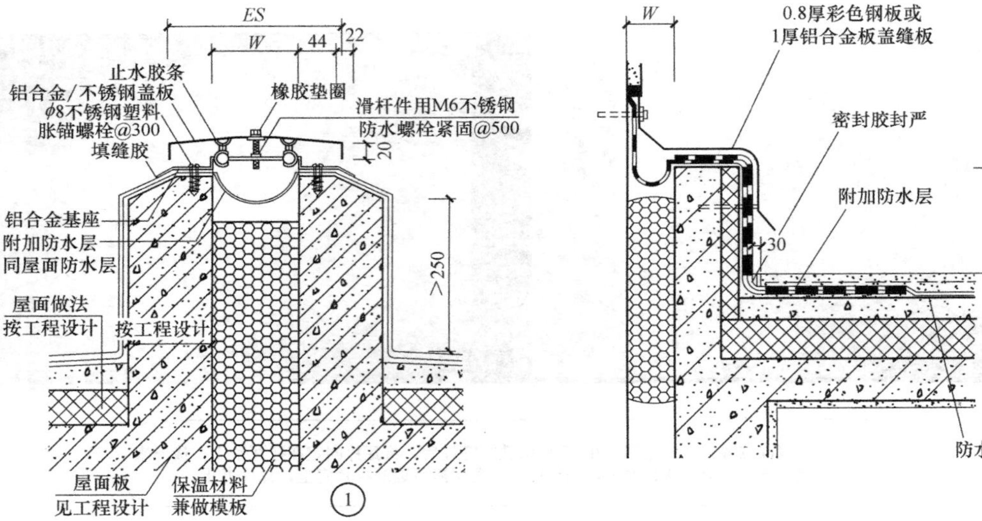

图 6-35　高低跨变形缝

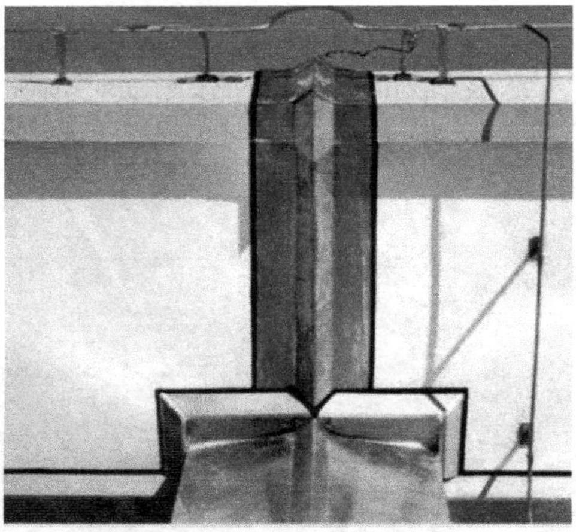

图 6-36　屋面变形缝

6.8　设施基础

设施基础与结构层相连时，防水层应包裹设施基础的上部，并应在地脚螺栓周围做密封处理。当设施基座直接放在防水层上时，基座下部应设防水附加层，必要时在防水附加层上浇筑 100mm 细石混凝土，设备基础根部一般采用较小的面砖做圆弧，设备基础面砖应与屋面面砖对缝。见图 6-37。

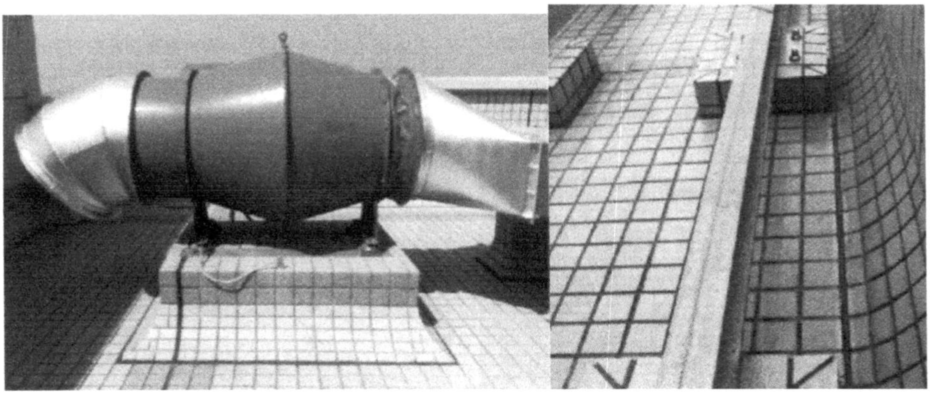

图 6-37 设施基础

6.9 屋面保温

(1) 保温层宜选用密度、导热系数小，有一定强度的保温材料；

(2) 铺设保温层的基层应平整、干燥、干净；

(3) 保温材料在施工过程中应采取防潮、防水及防火措施。见图 6-38。

图 6-38 屋面保温板干铺施工

6.10 屋面其他细部

(1) 檐沟（图 6-39）。

(2) 女儿墙与屋面交接（图 6-40）。

(3) 滴水线。

滴水的做法有大鹰嘴、小鹰嘴和滴水槽三种做法。当旋脸或出檐宽度大于 6cm 时宜采用滴水线的做法；当旋脸或出檐宽度较小时可以采用鹰嘴的构造做法。鹰嘴可使用干硬性砂浆制作也可使用成品带网格布鹰嘴安装（图 6-41、图 6-42）。

1) 檐下滴水槽严禁任意划出，必须以嵌条法施工。先将嵌条贴在正确的位置上，抹灰后适时取出，然后对滴水槽进行修整，使滴水槽棱角整齐、顺直、槽内平整光滑。可使用成品塑料或金属滴水槽镶嵌。

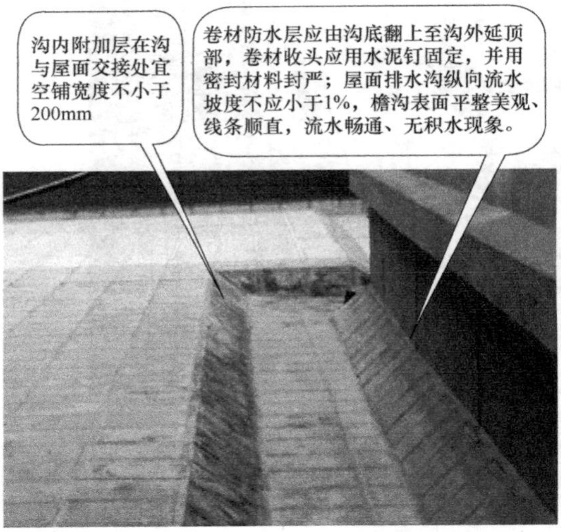

沟内附加层在沟与屋面交接处宜空铺宽度不小于200mm
卷材防水层应由沟底翻上至沟外延顶部，卷材收头应用水泥钉固定，并用密封材料封严；屋面排水沟纵向流水坡度不应小于1%，檐沟表面平整美观、线条顺直，流水畅通、无积水现象。

图 6-39　檐沟做法

屋面与女儿墙交接处，做水泥踢脚并涂刷防水性外墙涂料。踢脚与墙面及屋面面层之间留伸缩缝，并填塞嵌缝油膏等柔性防水嵌缝材料。

图 6-40　女儿墙与屋面交接处做法

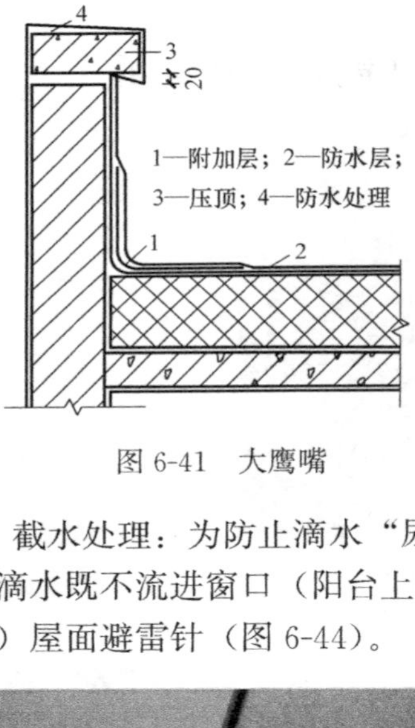

图 6-41　大鹰嘴

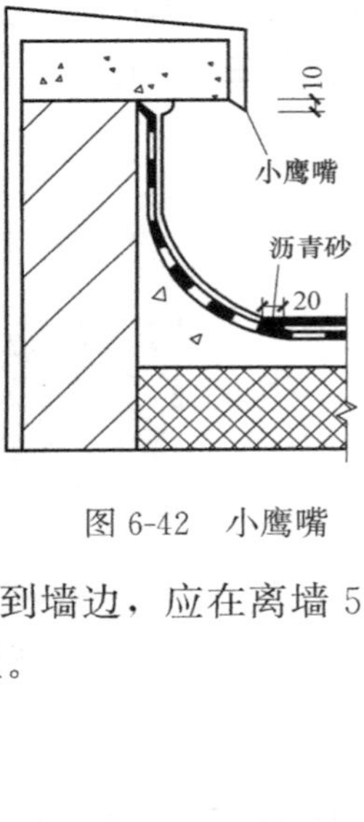

图 6-42　小鹰嘴

2）截水处理：为防止滴水“尿墙”，滴水槽不可通到墙边，应在离墙 5cm 的地方截断，使滴水既不流进窗口（阳台上），又不能流到墙面上。

（4）屋面避雷针（图 6-44）。

滴水槽应顺直且宽窄一致。

图 6-43　滴水槽

屋面避雷小针高低一致，成一直线。

图 6-44　屋面避雷针

图 6-45　防护栏杆打胶

图 6-46　法兰收口

图 6-47　不锈钢爬梯

（5）防护栏杆

屋面爬梯埋件四周采用同系列面砖独立排布粘贴，提前策划。见图 6-48。

爬梯安装提前策划，使爬梯埋
件置于面砖中间，美观大方

图 6-48

7 装饰装修工程

7.1 室内装饰工程

7.1.1 卫生间防水基层（找平层）

将基层表面残留的灰浆块及突出部分须铲平、扫净，用水泥砂浆抹平压光，要求坚实平整不起砂，不得有松动、空鼓、开裂等缺陷，含水率应符合防水材料的施工要求，表面必须清理干净且干燥后（有潮湿基层要求除外）再进行下道工序见图 7-1。

7.1.2 卫生间防水管根墙角处理

一般卫生间渗漏水都是建筑的细部构造出了问题，其中墙角、管根这两个地方由于接口较多，易出现缝隙，因此这两个地方一般比较容易出现渗漏水，因此应在防水层施工前先将预留管道安装牢固，管根处嵌填密实，将管根墙角在基层处理时做成圆弧状，并顺直、平光。圆弧的半径、管根与找平层凹槽应符合规范要求，见图 7-2、图 7-3。

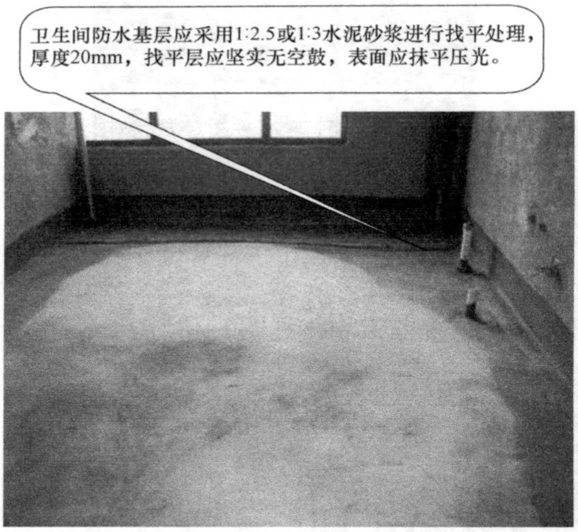
卫生间防水基层应采用1:2.5或1:3水泥砂浆进行找平处理，
厚度20mm，找平层应坚实无空鼓，表面应抹平压光。

图 7-1 卫生间防水基层

管根及墙角处抹圆弧，半径10mm。管根与
找平层之间应留出20mm宽、10mm深凹槽。

图 7-2 卫生间防水管根处理

7.1.3 卫生间防水基层含水率要求

聚氨酯是一种反映固化型防水涂料，其固化后形成致密的防水膜，基层中的水蒸气无法透过这层膜蒸发出来，所以用聚氨酯防水涂料做卫生间防水，基层必须干燥（对于检查基层是否干燥简易方法：在基层表面上铺一块 1 平方米橡胶板，静置 3～4h，覆盖橡胶板部位无明显水印，即视为含水率达到要求，即可涂刷防水层）。聚合物水泥（JS）聚合物乳液（丙

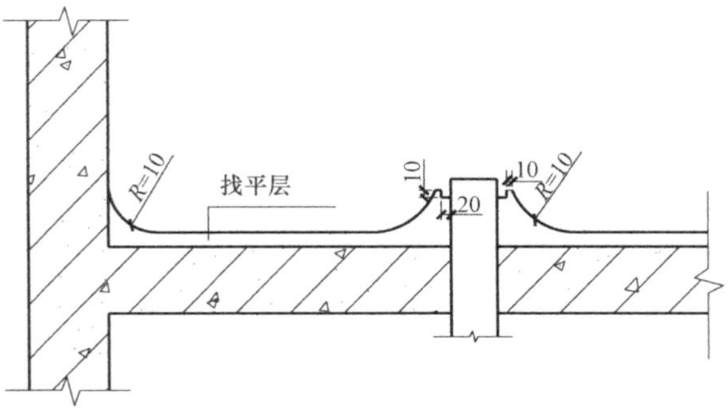
R=10
找平层
10
20
10
R=10

图 7-3 卫生间防水管根、墙角处理示意图

烯酸）防水涂料中的粉料主要成分为水泥，所以可以在潮湿基层上施工，见图7-4。

7.1.4 卫生间防水基层坡度

卫生间防水基层坡度达到设计要求，不得积水。在做防水前一定要检查地漏是不是卫生间的最低点，经测试地漏为最低点后可以做防水。如果经测试地漏的位置偏高，必须先用水泥砂浆做好坡度，再做防水（保证坡度的措施：可以根据坡度算出最高点与最低点的高差，用砂浆做找平层时由最高点顺直坡向最低点，可做泼水试验，不得有积水现象）。这样瓷砖下的水泥蓄水层的水就会自然的渗透到地漏排水管排除。这样会杜绝卫生间门口往外渗水，甚至其他的房间踢脚线上边的墙体潮湿、粉化的现象发生，见图 7-5。

聚氨酯防水涂料施工要求防水基层干燥，聚合物水泥（JS）聚合物乳液（丙烯酸）等防水涂料可在潮湿基层上施工，但基层不得有水。

图 7-4 卫生间防水基层含水率要求

7.1.5 卫生间门口防水

为防止卫生间内水向卫生间外楼板渗漏，要求卫生间防水找平层向卫生间门口外有一个延伸做法。见图 7-6。

7.1.6 防水施工工艺

针对不同防水涂料，不同部位应采用专用工具。见图 7-7。

防水涂料涂刷应均匀、致密，每遍涂刷方向应互相垂直，多遍涂刷（一般 3 遍以上），直到达到设计规定的涂膜厚度要求。见图 7-8、图 7-9。

7.1.7 卫生间防水施工

应先做立墙、后做地面，同地面基层，墙面基层抹灰要压光，要求平整，无空鼓、裂缝、起砂等缺陷，含水率应符合防水材料的施工要求。在卫生间如厕区域，相对于淋浴区比较干燥，因此此区域防水高度只要达到 250mm 以上即可，淋浴区防水达到 1.8m，见图 7-10。

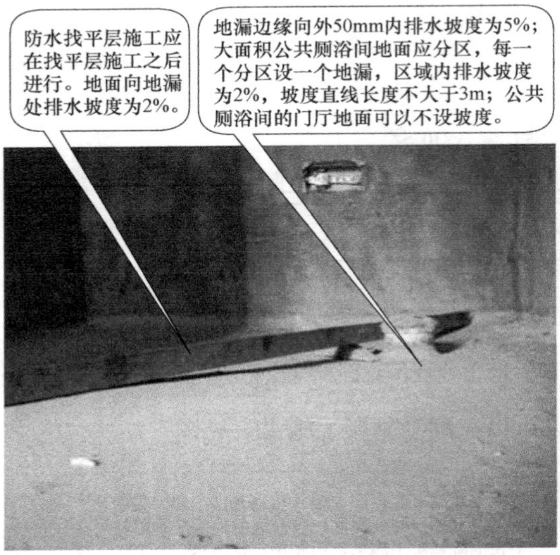

防水找平层施工应在找平层施工之后进行。地面向地漏处排水坡度为2%。
地漏边缘向外50mm内排水坡度为5%；大面积公共厕浴间地面应分区，每一个分区设一个地漏，区域内排水坡度为2%，坡度直线长度不大于3m；公共厕浴间的门厅地面可以不设坡度。

图 7-5　卫生间防水基层坡度要求

图 7-6　卫生间门口防水要求

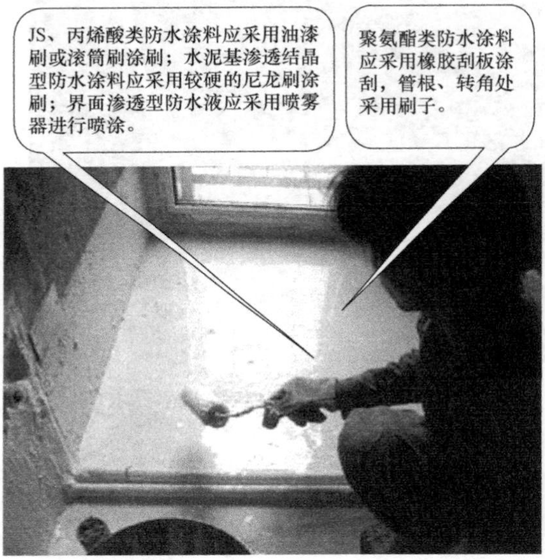

JS、丙烯酸类防水涂料应采用油漆刷或滚筒刷涂刷；水泥基渗透结晶型防水涂料应采用较硬的尼龙刷涂刷；界面渗透型防水液应采用喷雾器进行喷涂。
聚氨酯类防水涂料应采用橡胶刮板涂刮，管根、转角处采用刷子。

图 7-7　卫生间防水工具选择

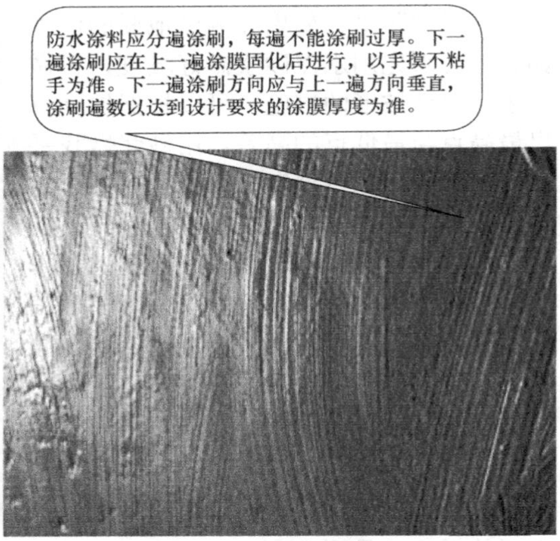

防水涂料应分遍涂刷，每遍不能涂刷过厚。下一遍涂刷应在上一遍涂膜固化后进行，以手摸不粘手为准。下一遍涂刷方向应与上一遍方向垂直，涂刷遍数以达到设计要求的涂膜厚度为准。

图 7-8　卫生间防水涂刷工艺

7.1.8　卫生间细部处理

对地漏、管根、阴阳角等易发生漏水的部位，应进行密封或加强处理。穿楼板管道防水做法见图 7-11，对于管道安装：依据地面、墙面做法、厚度，找出预留口坐标、标高，然后按准确尺寸修整预留洞口；安装连接时，必须将预留管口清理干净，再进行粘接，粘牢后找正、找直，封闭管口和堵洞。对于板间孔洞堵塞：堵塞前检查套管位置是否准确，板底吊模，模板宜采用 1.5cm 的杉木板或层板，用圆弧锯按管子的外径，挖锯成两块半圆模板套上 12 号铁丝及两条小枋条木楞，由缝隙中牢固地将吊模固定在楼板上口，并紧贴楼板底，见图 7-12。地漏细部防水做法见图 7-13 和图 7-14，蹲便器防水做法见图 7-15 和图 7-16。

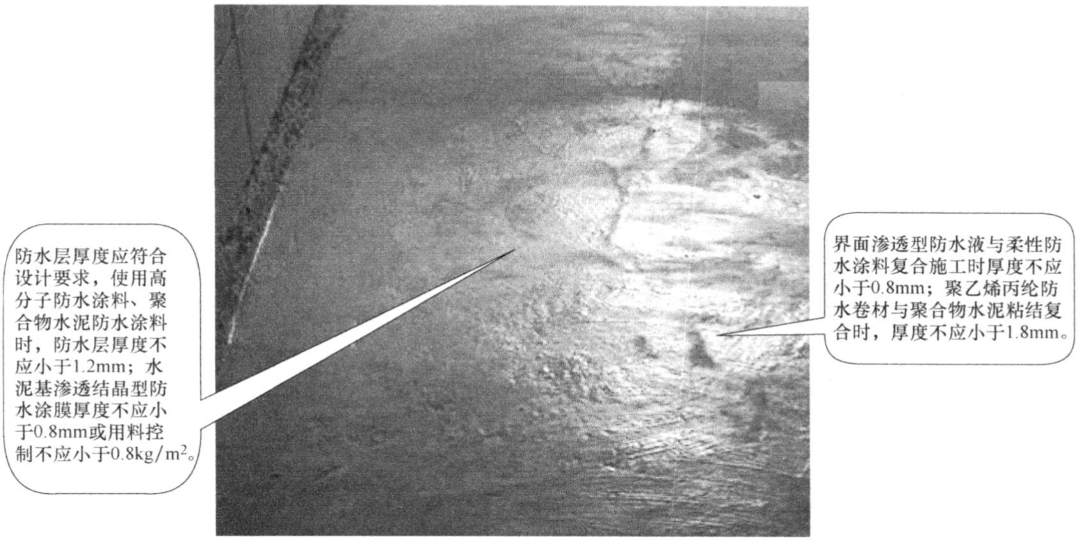

防水层厚度应符合设计要求，使用高分子防水涂料、聚合物水泥防水涂料时，防水层厚度不应小于1.2mm；水泥基渗透结晶型防水涂膜厚度不应小于0.8mm或用料控制不应小于0.8kg/m²。
界面渗透型防水液与柔性防水涂料复合施工时厚度不应小于0.8mm；聚乙烯丙纶防水卷材与聚合物水泥粘结复合时，厚度不应小于1.8mm。

图 7-9 卫生间防水涂刷厚度

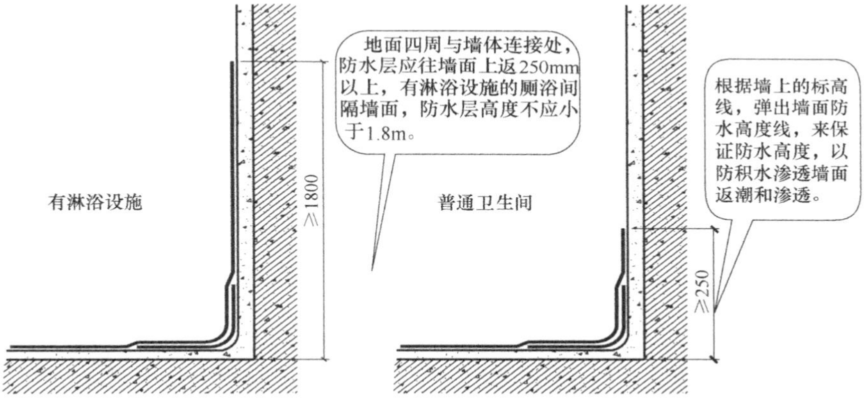

有淋浴设施
≥1800
地面四周与墙体连接处，防水层应往墙面上返250mm以上，有淋浴设施的厕浴间隔墙面，防水层高度不应小于1.8m。
普通卫生间
根据墙上的标高线，弹出墙面防水高度线，来保证防水高度，以防积水渗透墙面返潮和渗透。
≥250

图 7-10 卫生间防水层高度要求

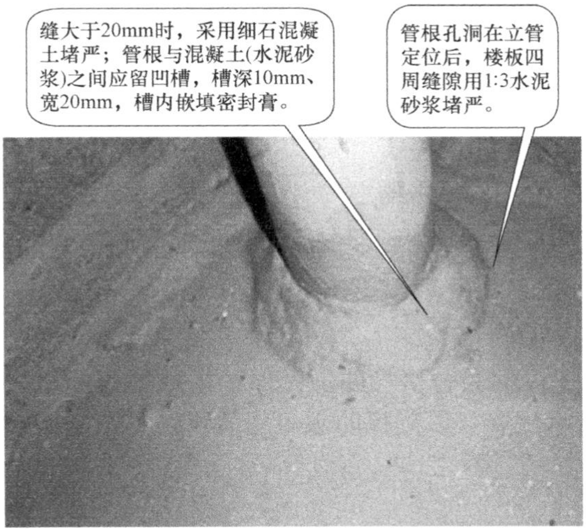

图 7-11 穿楼板管道防水做法

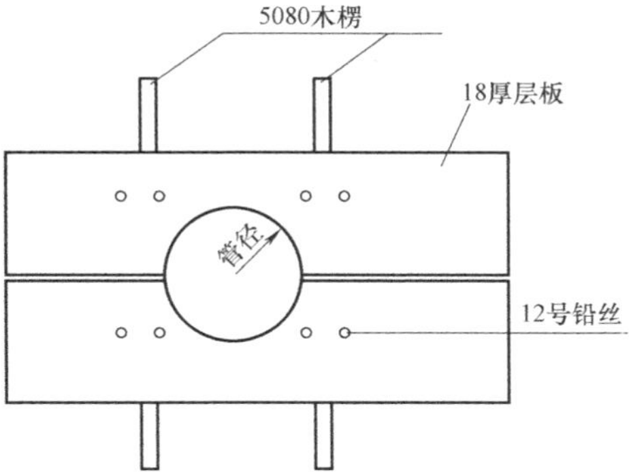

图 7-12 管洞模板安装图

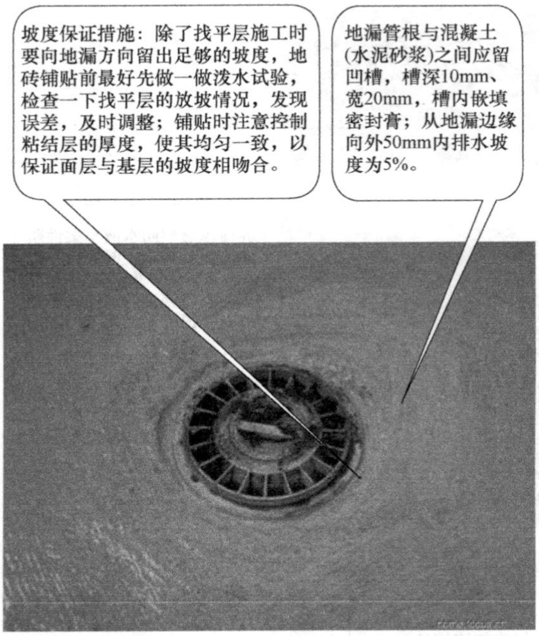
坡度保证措施：除了找平层施工时要向地漏方向留出足够的坡度，地砖铺贴前最好先做一做泼水试验，检查一下找平层的放坡情况，发现误差，及时调整；铺贴时注意控制粘结层的厚度，使其均匀一致，以保证面层与基层的坡度相吻合。
地漏管根与混凝土(水泥砂浆)之间应留凹槽，槽深10mm、宽20mm，槽内嵌填密封膏；从地漏边缘向外50mm内排水坡度为5%。

图 7-13　地漏细部防水做法

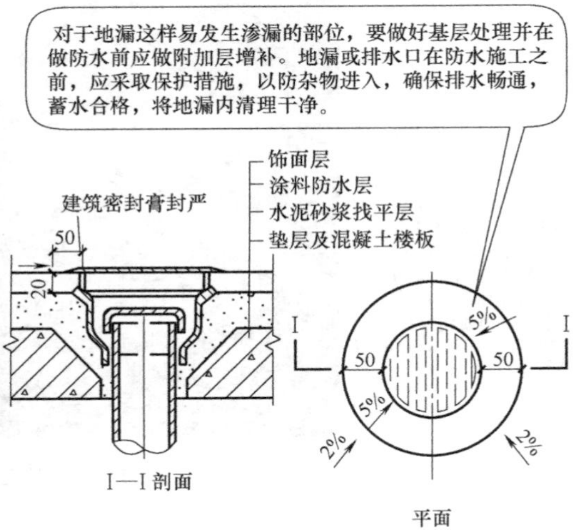
对于地漏这样易发生渗漏的部位，要做好基层处理并在做防水前应做附加层增补。地漏或排水口在防水施工之前，应采取保护措施，以防杂物进入，确保排水畅通，蓄水合格，将地漏内清理干净。
饰面层
涂料防水层
水泥砂浆找平层
垫层及混凝土楼板
建筑密封膏封严
50
20
I—I 剖面
I
I
5%
50
50
5%
2%
2%
平面

图 7-14　地漏细部示意图

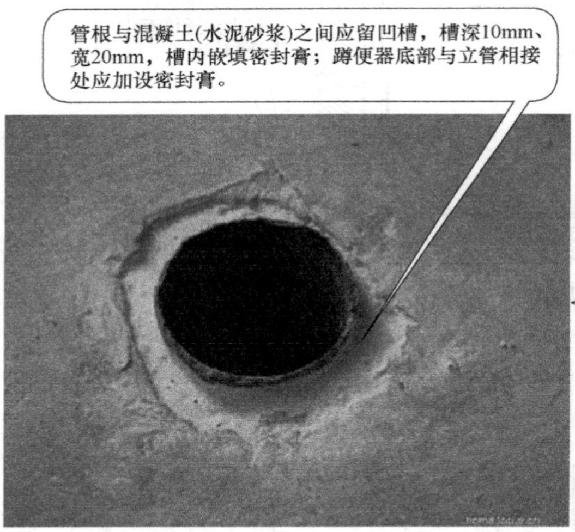
管根与混凝土(水泥砂浆)之间应留凹槽，槽深10mm、宽20mm，槽内嵌填密封膏；蹲便器底部与立管相接处应加设密封膏。

图 7-15　蹲便器防水做法

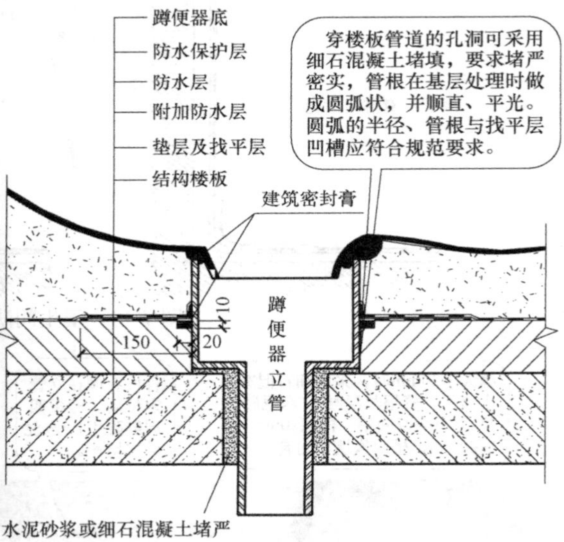
蹲便器底
防水保护层
防水层
附加防水层
垫层及找平层
结构楼板
穿楼板管道的孔洞可采用细石混凝土堵填，要求堵严密实，管根在基层处理时做成圆弧状，并顺直、平光。圆弧的半径、管根与找平层凹槽应符合规范要求。
建筑密封膏
10
150
20
蹲便器立管
水泥砂浆或细石混凝土堵严

图 7-16　蹲便器防水做法示意图

7.1.9　卫生间防水蓄水试验

在最后一遍防水层干固后蓄水 24h，以无渗漏为合格。即可做保护层或饰面施工。在保护层或饰面施工完工后，应进行第二次蓄水试验，以确保防水工程质量。见图 7-17。

7.1.10　卫生间防水成品保护

操作人员应严格保护已做好的涂膜防水层。涂膜防水层未干时，严禁在上面践踏；在做完保护层以前，任何与防水作业无关的人员不得进入施工现场；在第一次蓄水试验合格后应及时做好保护层，以免损坏防水层。地漏或排水口要防止杂物堵塞，确保排水畅通，见图 7-18。

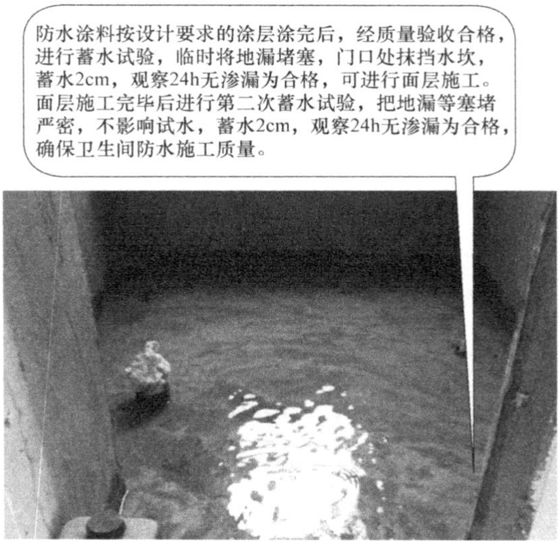

防水涂料按设计要求的涂层涂完后，经质量验收合格，进行蓄水试验，临时将地漏堵塞，门口处抹挡水坎，蓄水2cm，观察24h无渗漏为合格，可进行面层施工。面层施工完毕后进行第二次蓄水试验，把地漏等塞堵严密，不影响试水，蓄水2cm，观察24h无渗漏为合格，确保卫生间防水施工质量。

图 7-17 蓄水试验

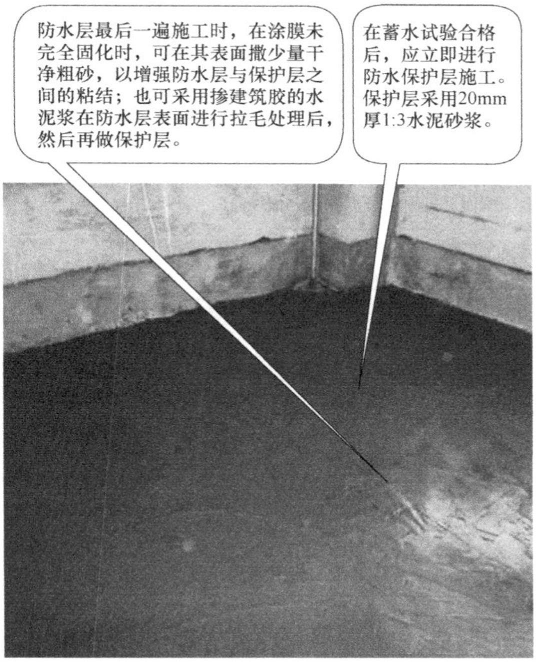

防水层最后一遍施工时，在涂膜未完全固化时，可在其表面撒少量干净粗砂，以增强防水层与保护层之间的粘结；也可采用掺建筑胶的水泥浆在防水层表面进行拉毛处理后，然后再做保护层。
在蓄水试验合格后，应立即进行防水保护层施工。保护层采用20mm厚1:3水泥砂浆。

图 7-18 成品保护

7.1.11 抹灰面收光工艺

抹灰前清除墙表面的尘土、污垢、油渍等，墙面提前洒水湿润，要求内墙面采用水平间隔拉毛的工艺，顶棚采用批白工艺。具体见图 7-19、图 7-20。

图 7-19 内墙面水平间隔拉毛

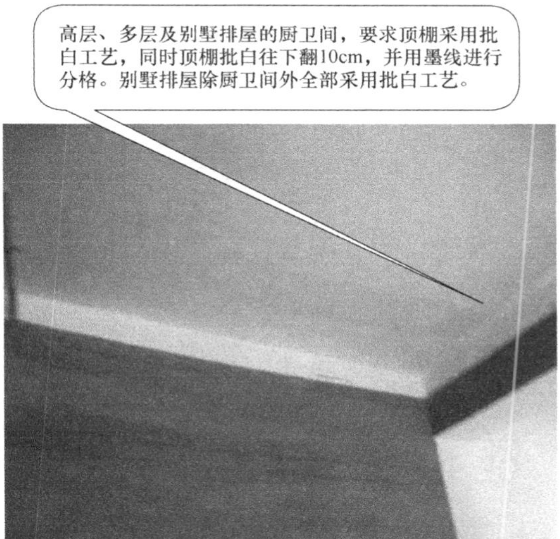

高层、多层及别墅排屋的厨卫间，要求顶棚采用批白工艺，同时顶棚批白往下翻10cm，并用墨线进行分格。别墅排屋除厨卫间外全部采用批白工艺。

图 7-20 顶篷采用批白工艺

7.1.12 室内抹灰阴阳角线

应达到方正，多道线角交接应清爽，汇集于一点，抹灰面光洁、平整、色泽一致，无空鼓、裂缝，图 7-21、图 7-22。

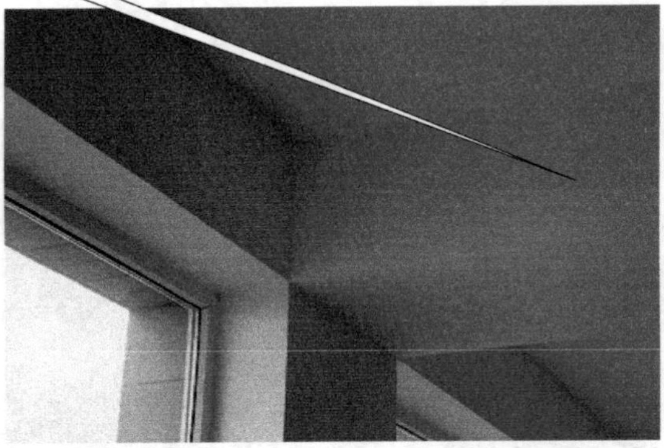

在阴角周围弹垂直控制墨线，将墨线翻至阴角处弹出阴角粉线，每遍腻子都应弹一遍控制线和粉线。底层和面层完成后，阴角采用阴角平刨进行多遍修角。阳角宜采用加塑料阳角护角方法；不加护角时，采用铝合金靠尺在阳角两侧面反复倒尺修角。

图 7-21 抹灰阴阳角（一）

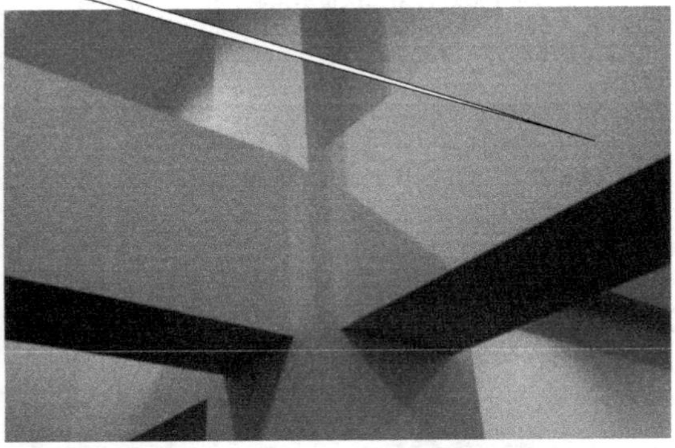

质量要求：允许偏差。阴阳角方正一般抹灰4mm、高级抹灰3mm,立面垂直度一般抹灰4mm、高级抹灰3mm，表面平整度一般抹灰4mm、高级抹灰3mm。阴阳角应清晰、顺直，涂料表面细腻无刷纹。

图 7-22 抹灰阴阳角（二）

7.1.13 水泥楼地面墙根部、主根部拉毛处理

水泥楼地面与后续找平层粘结牢固，这道工序必须要做，使上下层更好地吻合。具体见图 7-23、图 7-24。

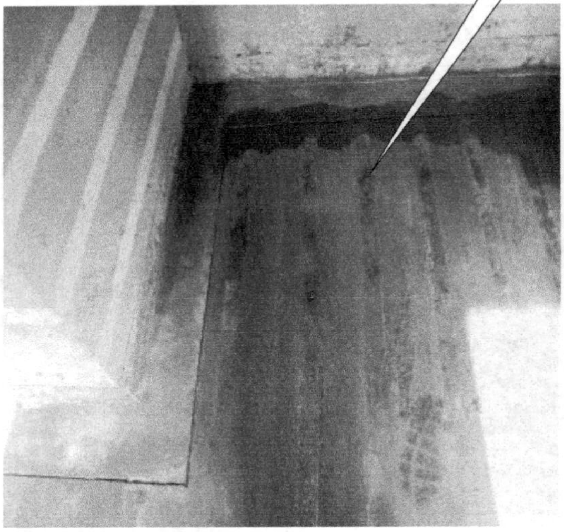

水泥地面面层要求拉毛，拉毛的方向应统一，为防止因为热胀冷缩而导致面层出现不规则裂缝，在墙柱根设置分格缝，分格缝切割完毕后，要用吹风机将缝中的吹干净。

图 7-23 水泥楼地面墙根部拉毛处理

地面的分割线应设置在轴线或梁中心线位置，中间独立框架柱及墙根部则应离开柱子或墙20cm位置设置分割线。当有柱帽时沿柱帽边线切割,以棱形、正方形或者长方形居多。

图 7-24 水泥楼地面柱根部拉毛处理

7.1.14 水泥砂浆地面

表面应洁净，无裂纹、脱皮、麻面、起砂等缺陷，平整度符合要求。面层表面的坡度应符合设计要求，不得有倒泛水和积水现象，见图 7-25。

7.1.15 踢脚线设置

在墙底部，为防止清理过程中对墙面污染以及为了装饰上有一定的美观作用应设置踢脚线，做法见图 7-26。

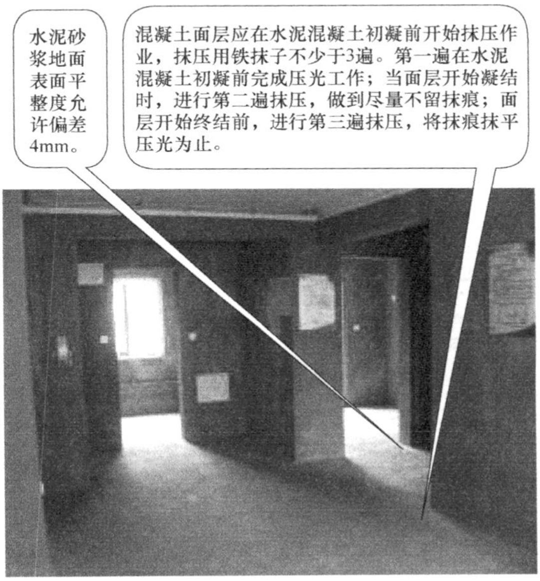

水泥砂浆地面表面平整度允许偏差4mm。
混凝土面层应在水泥混凝土初凝前开始抹压作业，抹压用铁抹子不少于3遍。第一遍在水泥混凝土初凝前完成压光工作；当面层开始凝结时，进行第二遍抹压，做到尽量不留抹痕；面层开始终结前，进行第三遍抹压，将抹痕抹平压光为止。

图 7-25 水泥砂浆地面

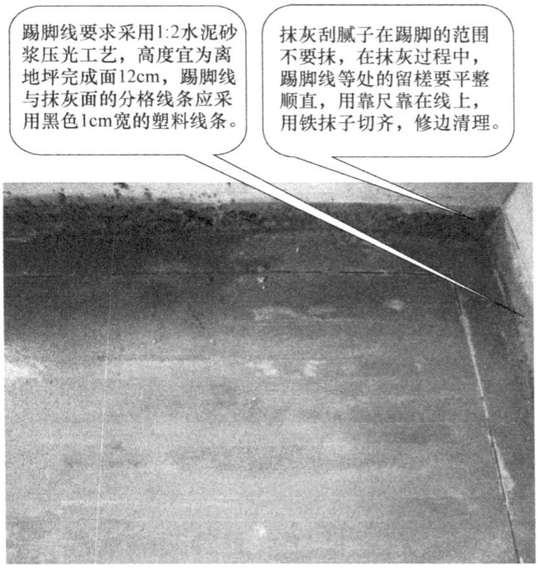

踢脚线要求采用1:2水泥砂浆压光工艺，高度宜为离地坪完成面12cm，踢脚线与抹灰面的分格线条应采用黑色1cm宽的塑料线条。
抹灰刮腻子在踢脚的范围不要抹，在抹灰过程中，踢脚线等处的留槎要平整顺直，用靠尺靠在线上，用铁抹子切齐，修边清理。

图 7-26 踢脚线做法

7.1.16 石材（块材）踏步面层楼梯

面层粉刷时在踢脚线处不应进行粉刷和刮白，给块材施工时留设厚度空间，块材踢脚线不应外露粘接层，见图 7-27，踢脚线块材构造及效果图见图 7-28，石材面层踏步楼梯应用效果图见图 7-29。

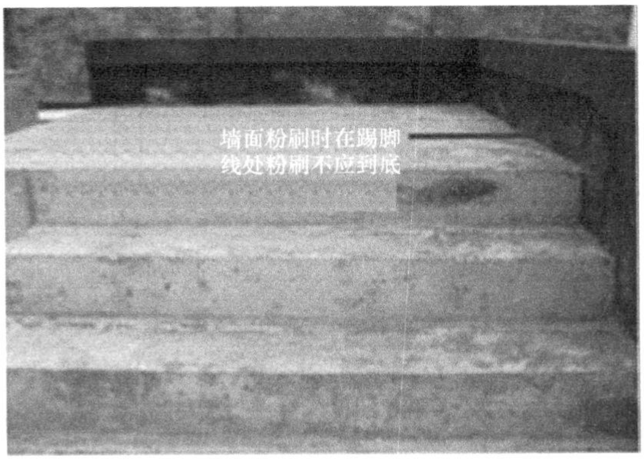

图 7-27 面层粉刷在踢脚线处做法

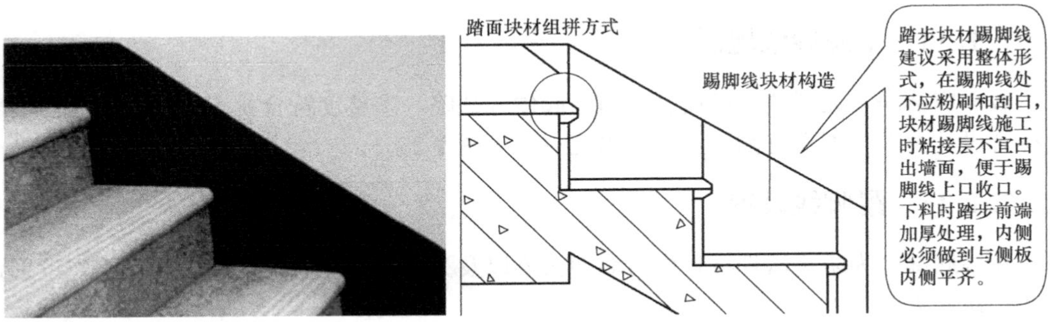

图 7-28　踢脚线块材构造及效果图

图 7-29　石材面层踏步楼梯应用效果图

7.1.17　楼梯水泥砂浆滴水线

滴水线宽度为 90mm，在中间镶嵌 10mm 宽 PVC 分格条，侧面镶“T”形分格条。具体见图 7-30～图 7-32。

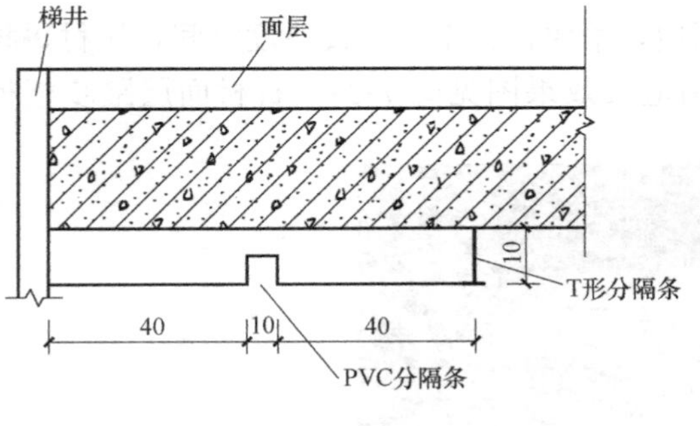

图 7-30　滴水线断面示意图

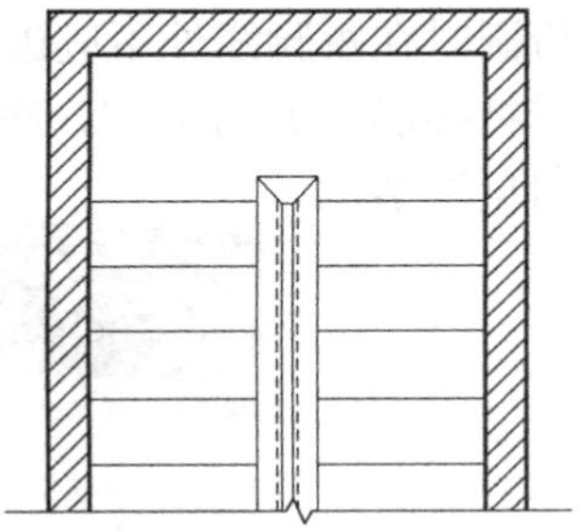

图 7-31　梯井处滴水线平面示意图

7.1.18　楼梯扶手

楼梯扶手的高度应符合设计要求，栏杆离地面 0.1m，高度内不宜留空，见图 7-33、图 7-34。

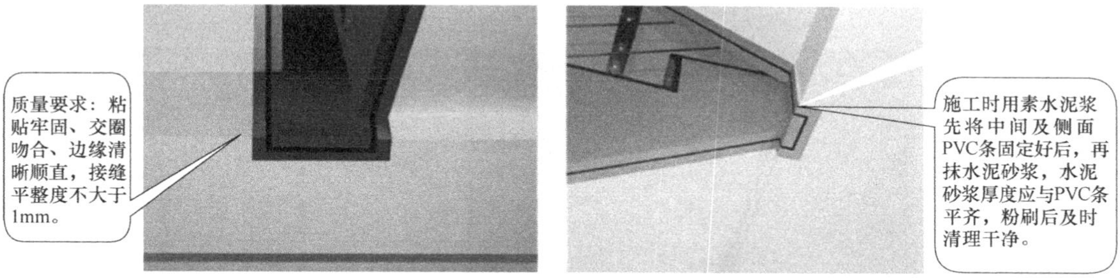

质量要求：粘贴牢固、交圈吻合、边缘清晰顺直，接缝平整度不大于1mm。
施工时用素水泥浆先将中间及侧面PVC条固定好后，再抹水泥砂浆，水泥砂浆厚度应与PVC条平齐，粉刷后及时清理干净。

图 7-32 水泥砂浆 PVC 条滴水线实例图

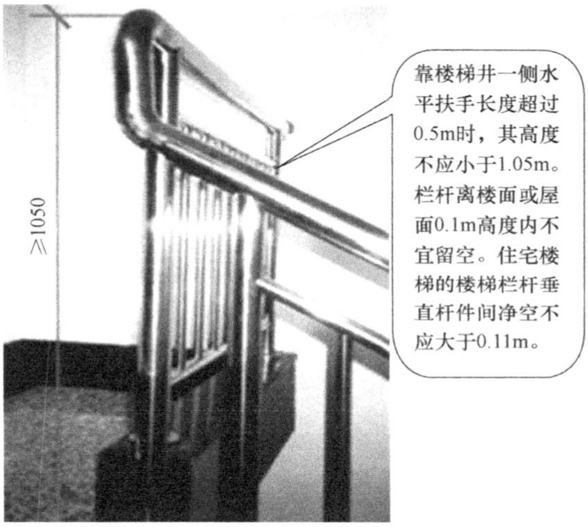

≥1050
靠楼梯井一侧水平扶手长度超过0.5m时，其高度不应小于1.05m。栏杆离楼面或屋面0.1m高度内不宜留空。住宅楼梯的楼梯栏杆垂直杆件间净空不应大于0.11m。

图 7-33 楼梯扶手（一）

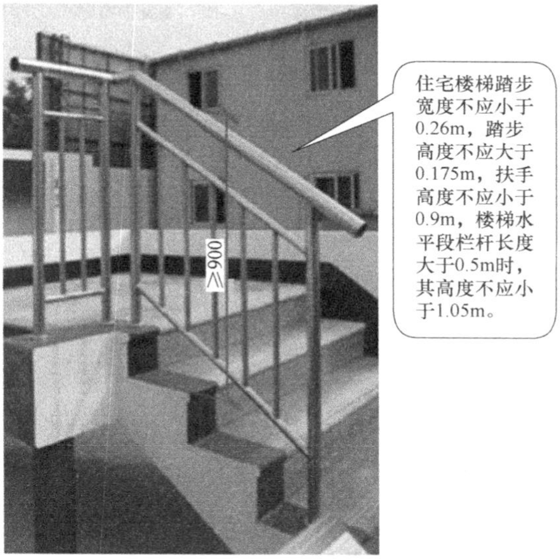

≥900
住宅楼梯踏步宽度不应小于0.26m，踏步高度不应大于0.175m，扶手高度不应小于0.9m，楼梯水平段栏杆长度大于0.5m时，其高度不应小于1.05m。

图 7-34 楼梯扶手（二）

7.1.19 纸面石膏板吊顶

吊顶平面排版根据现场实际尺寸量测，用计算机进行排版，与墙面连接处凹槽符合规范要求，见图 7-35、图 7-36，转角处应设置 T 形板、L 形、一字形板，转角处应断开或设置副龙骨，来防止开裂，见图 7-37。

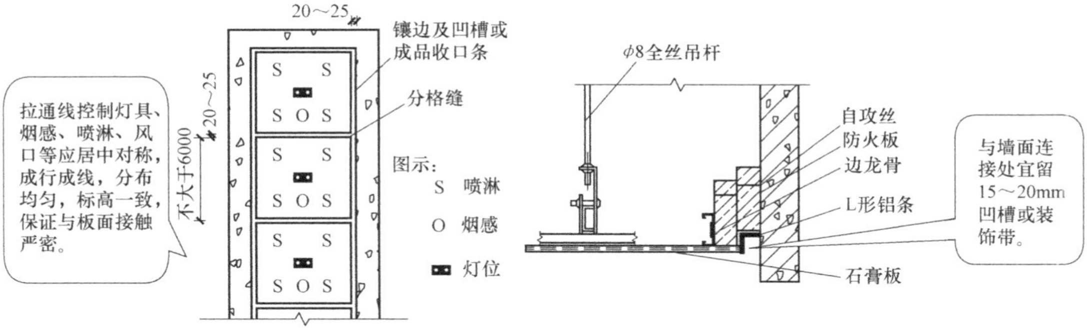

图 7-35 吊顶平面排版示意图及离墙凹槽做法示意图

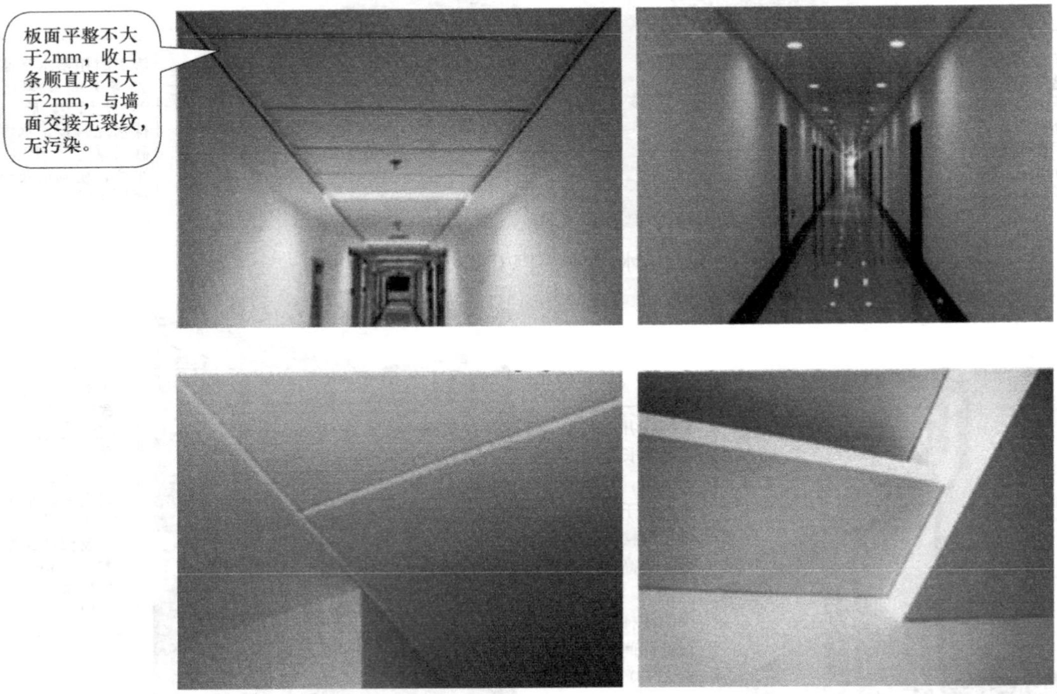

板面平整不大于2mm，收口条顺直度不大于2mm，与墙面交接无裂纹，无污染。

图 7-36　吊顶平面排版和凹槽做法实例图

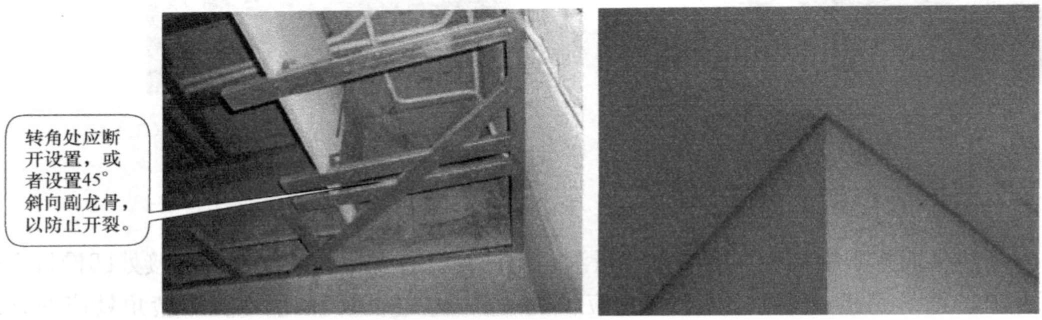

转角处应断开设置，或者设置45°斜向副龙骨，以防止开裂。

图 7-37　转角 45°斜撑防裂龙骨做法实例图

7.1.20　块料吊顶

工序：测量实际尺寸→辅助软件排版→弹线定位→吊杆及龙骨安装→灯具、风口喷淋等安装→面板安装工艺方法：

（1）考虑镶边形式及尺寸；

（2）无小于 1/3 板块及 200mm 的非整块，无法避免时应采用镶边、凹槽等方式调整消除；

（3）通常走廊板块应在宽度方向排成

图 7-38　吊顶排布实例

奇数，灯具、风口、喷淋等应对称、居中、成行成线布设；

（4）应与地面材料排版呼应。见图 7-38。

7.1.21 窗帘盒

工序：弹线定位→龙骨及木工板安装→粘贴板材→收口条安装

工艺方法：弹线确定窗帘盒位置，其长度一般为洞口两边各增加 200mm，宽度一般双轨 240mm，单轨 200mm，深度 150～180mm，底部与吊顶面平齐。见图 7-39、图 7-40。

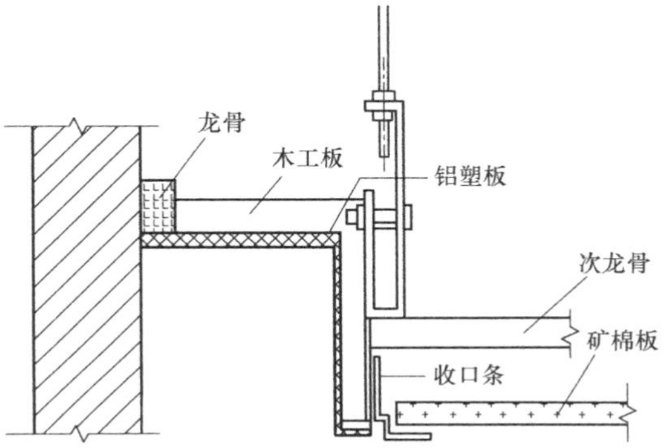

图 7-39 窗帘盒示意图

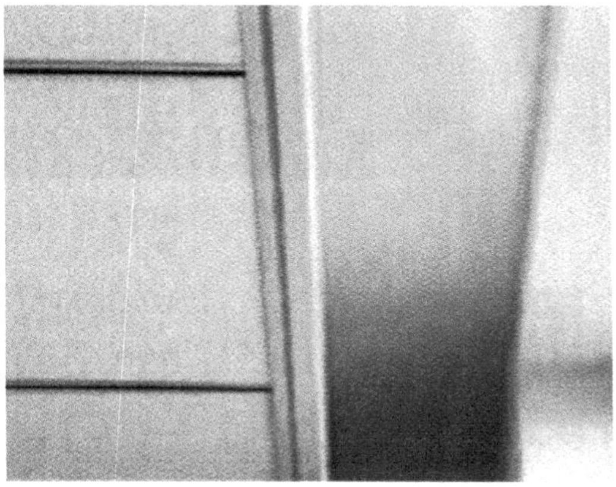

图 7-40 窗帘盒实例图

7.1.22 饰面砖拼缝及阳角

选用圆弧形塑料或不锈钢护角时，面砖可不进行倒角，面砖铺贴前采用建筑粘接剂固定护角，与护角面结合紧密、平齐。护角在拐角处 45°接缝，应在门窗洞口周围交圈，不宜在水平或竖向中间拼接，见图 7-41、图 7-42；块料镶贴应选择相应十字塑料卡控制缝宽，每个十字交界处均应设置塑料卡，并采用与面砖同颜色专用勾缝剂勾缝，见图 7-43。

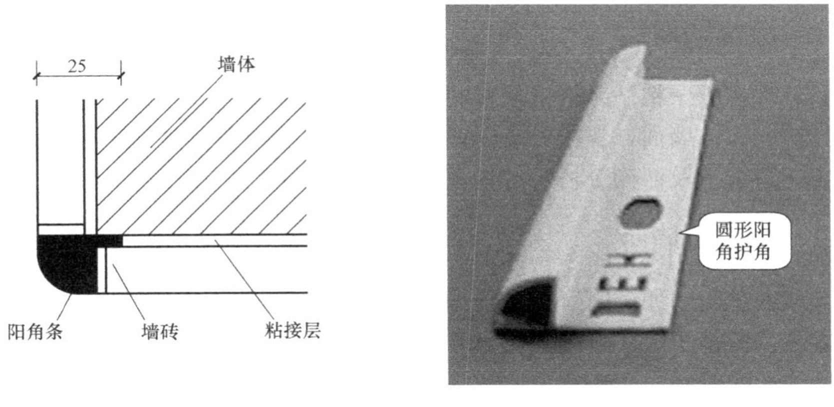

图 7-41 圆形阳角护角及示意图

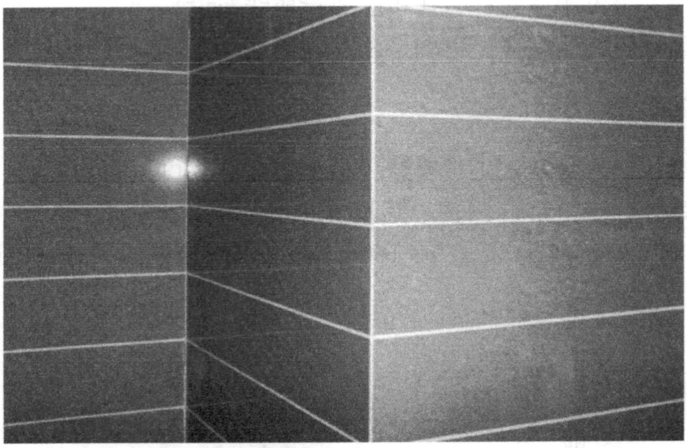

图 7-42　阳角护角安装实例图

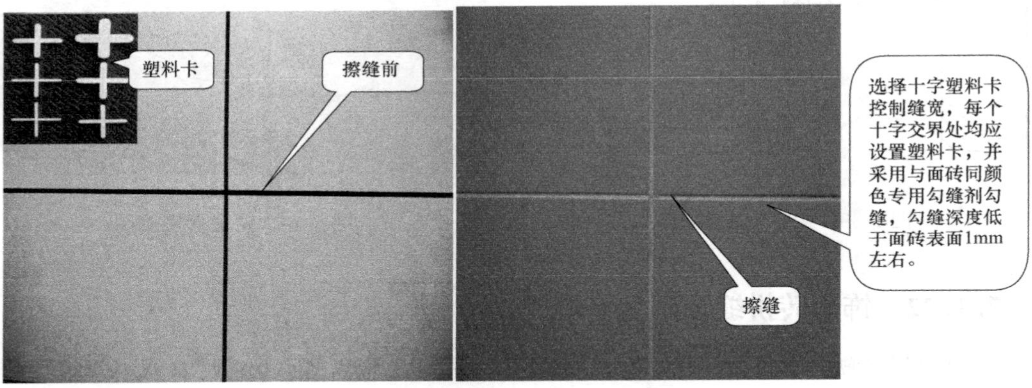

图 7-43　饰面砖擦缝前后实例图

7.2　外墙面工程

7.2.1　涂饰墙面

工序：软件排版→粘贴分格条→粉刷、涂饰→清理。

工艺方法：涂饰墙面，应按分格图弹线，设置防裂及装饰效果的分格线，设计无要求时一般沿窗洞口上下及两侧分格，水平及竖向间距不宜大于 3m。见图 7-44～图 7-46。

7.2.2　饰面砖墙面

工序：软件排版（如：BIM 三维排版）→弹线定位→贴面砖→勾缝或擦缝。

工艺方法：按排布尺寸弹线定位，门窗洞口上下及两侧、大角两侧应弹水平及竖向控制线，中间弹通线控制。面砖宜采用粘接剂粘贴，阳角、门窗套转角处 45°割角拼接，门窗洞口侧面砖宜先粘贴，平面砖后贴，平面砖压侧面砖。勾缝剂材料应一致，十字交叉处形成 X 缝。

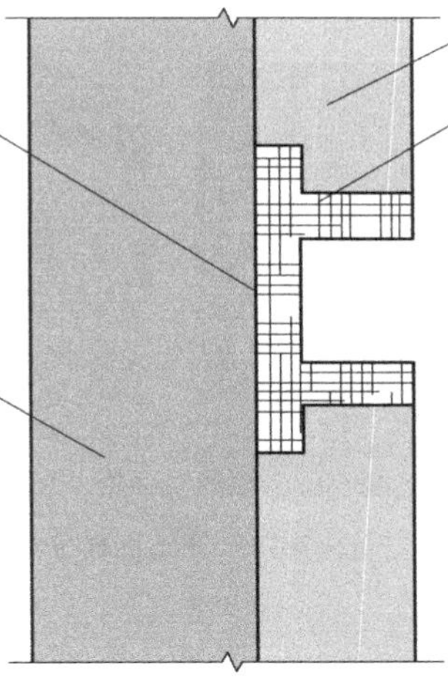

图 7-44 PVC 分格缝剖面示意图

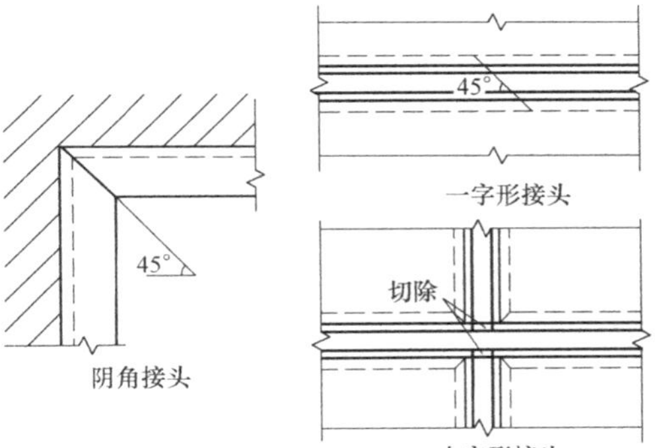

图 7-45 接头形式示意图

图 7-46 外墙分格实例图

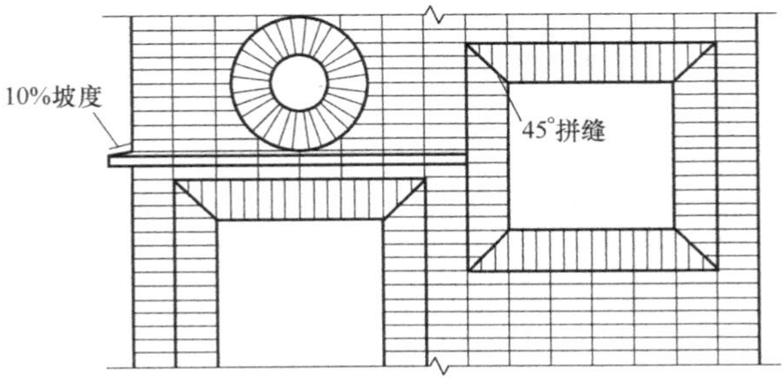

图 7-47 外墙面砖排砖示意图

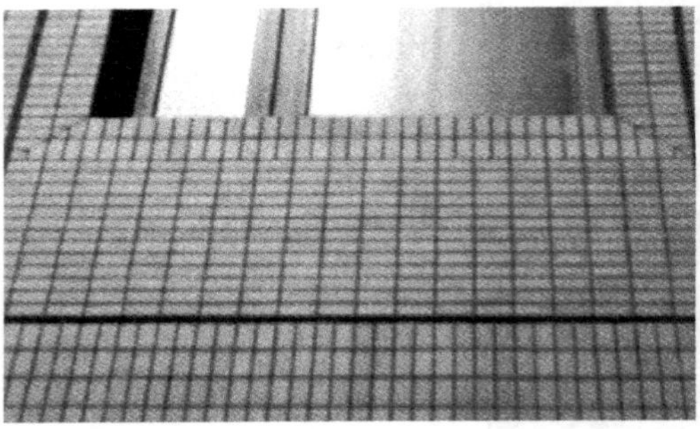

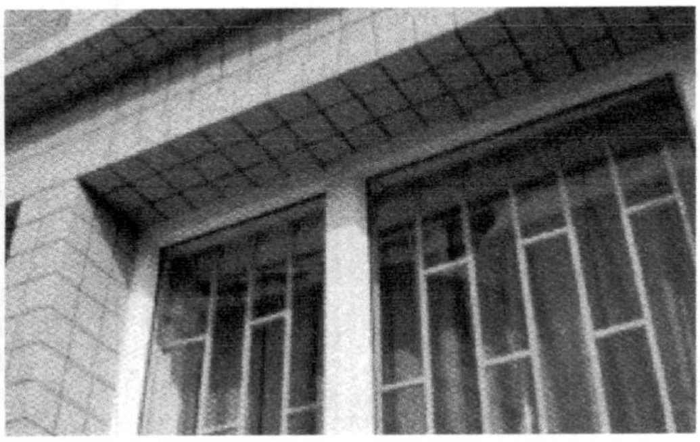

图 7-48　外墙面砖实例图

7.2.3　幕墙墙面

图 7-49　幕墙排版实例图

图 7-50　门窗洞口及阳角处理打胶实例图

8 安全文明工程

8.1 现场图牌

8.1.1 安全标牌

在施工道路两侧或施工区域采用 PVC 板制作。见图 8-1。

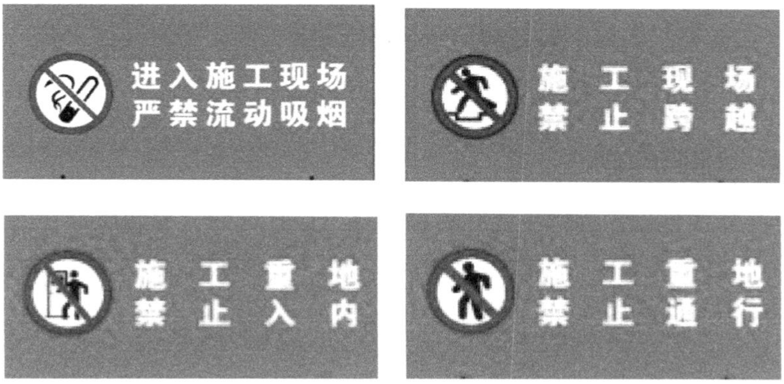

图 8-1 安全标牌

8.1.2 危险源标识牌（图 8-2）

序号	危险源名称	主要负责人	防范要点

公示时间： 月 日－ 月 日
发布人： 发布时间： 年 月 日

图 8-2 危险源标识牌

8.1.3　材料标识牌（图 8-3）

材 料 标 识 牌			
材料名称：		生产厂家：	
规 格：		进厂日期：	
数 量：		标 识 人：	
检验和实验状态			

图 8-3　材料标识牌

8.2　悬挑脚手架

悬挑梁必须使用型钢，型钢、锚环直径应经过设计计算，安装应符合设计要求，见图 8-4，外防护架搭设要求规范、整洁，见图 8-5，转角挑梁符合规范要求，见图 8-6，悬挑脚手架底部应严密封闭见图 8-7。

根据工字钢平面布置图预埋 ϕ16光圆钢筋锚环，锚环每端固定于混凝土内的长度不小于27d。挑梁采用16号工字钢，用 ϕ16锚环固定于现浇板，固定于现浇板的长度应为悬挑长度的1～2倍，并在钢梁悬挑部分端部增设 ϕ14钢丝绳(满拉)，斜拉于上一层结构框架梁；框架梁顶预埋 ϕ14锚环，做法同工字钢悬挑梁锚环。剪力墙施工遇工字钢时预留150mm×300mm洞，作为工字钢穿墙洞。
结构楼板施工时应提前预埋固定悬挑型钢梁的锚环，锚环直径应通过计算确定。如果荷载较大，结构楼板钢筋应适当加密。

图 8-4　悬挑脚手架钢梁锚环

搭设高度超过20m的悬挑架专项施工方案必须经专家论证。

图 8-5　悬挑脚手架实景图

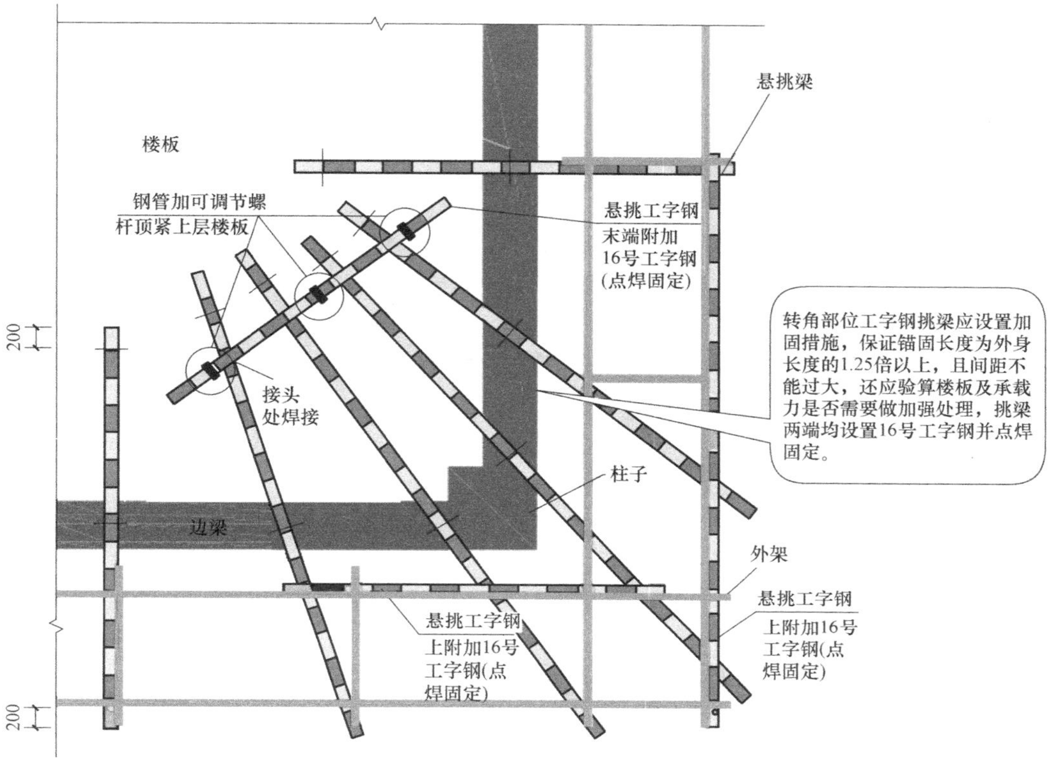

图 8-6 悬挑脚手架转角挑梁图

脚手架底部应严密封闭，防止钢管等材料掉落伤人。在底部挂平网，在上边铺模板。模板应锯整齐，在钢丝绳、钢管等部位要注意不留空隙，架体上的杂物及时清理干净。

图 8-7 悬挑脚手架底部封闭图

图 8-8 水平安全网设置

8.3 水平安全网设置

水平安全网设置应符合规范要求。见图 8-8、图 8-9。

脚手架与建筑物间每隔两层高度不超过10m张挂一道平网。操作层设随层安全平网。架体上杂物必须清理干净，防止落物伤人。

图 8-9 脚手架防护水平网

8.4 洞口防护的安全文明施工

应符合下列规定：

8.4.1 电梯井口防护

电梯井口防护门高度、挡脚板高度应符合要求，且防护门必须固定牢固，见图 8-10、图 8-11。

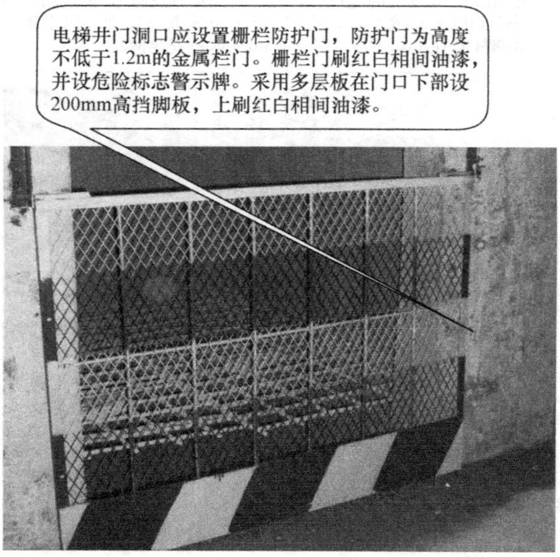

电梯井门洞口应设置栅栏防护门，防护门为高度不低于1.2m的金属栏门。栅栏门刷红白相间油漆，并设危险标志警示牌。采用多层板在门口下部设200mm高挡脚板，上刷红白相间油漆。

图 8-10 电梯井口防护门

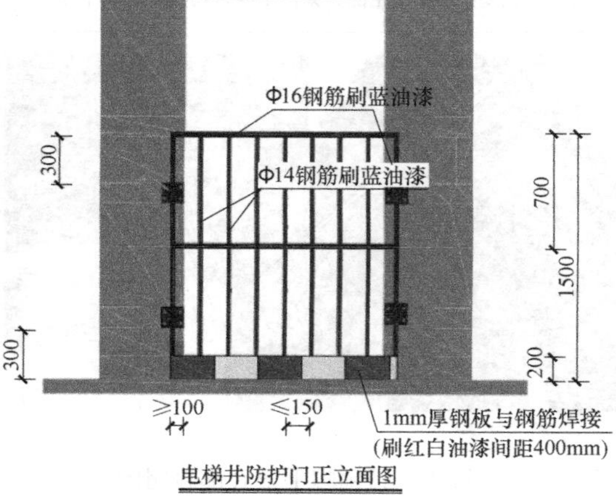

图 8-11 电梯井口防护示意图

8.4.2 楼梯口防护

楼梯及休息平台临边搭设防护栏杆，防护栏杆采用三道护栏形式，见图 8-12、图 8-13。

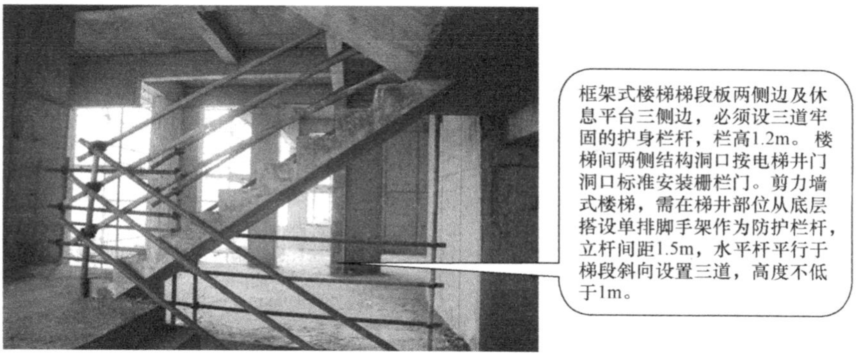

框架式楼梯梯段板两侧边及休息平台三侧边，必须设三道牢固的护身栏杆，栏高1.2m。楼梯间两侧结构洞口按电梯井门洞口标准安装栅栏门。剪力墙式楼梯，需在梯井部位从底层搭设单排脚手架作为防护栏杆，立杆间距1.5m，水平杆平行于梯段斜向设置三道，高度不低于1m。

图 8-12 楼梯口防护

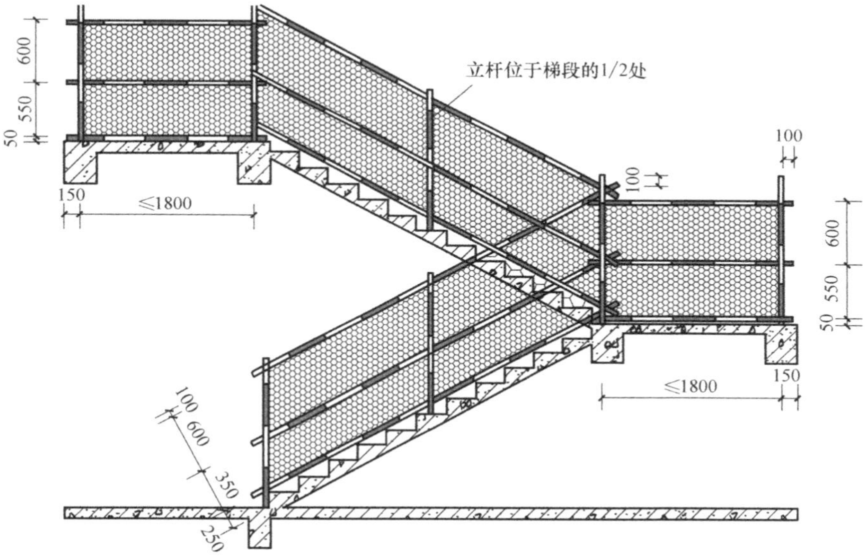

图 8-13 楼梯口防护示意图

8.4.3 预留洞口防护

对于使人与物有坠落危险而危及人身安全的洞口，应采取防护措施。洞口分为 500mm 以下洞口，见图 8-14、图 8-15，500～1500mm 的洞口，见图 8-16、图 8-17，大于 1500mm 的孔洞，见图 8-18～图 8-20。

8.4.4 通道口防护

建筑工程应设置工具式安全通道，采用双层木板作硬防护，木板厚度不得小于 50mm，立柱及各部件应符合其相应的标准规范。通道设置安全标识、警示标语。见图 8-21～图 8-24，上人斜道要求见图 8-25。

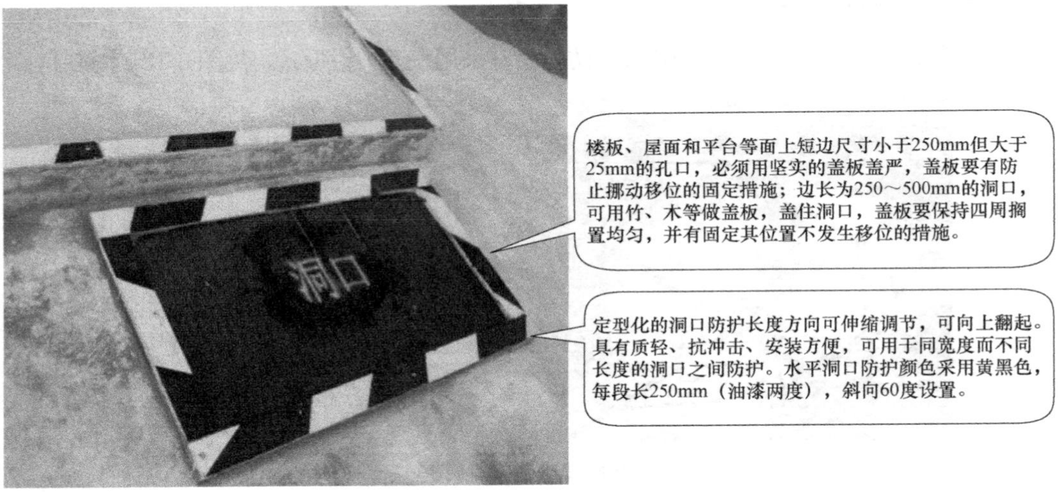

楼板、屋面和平台等面上短边尺寸小于250mm但大于25mm的孔口，必须用坚实的盖板盖严，盖板要有防止挪动移位的固定措施；边长为250～500mm的洞口，可用竹、木等做盖板，盖住洞口，盖板要保持四周搁置均匀，并有固定其位置不发生移位的措施。
定型化的洞口防护长度方向可伸缩调节，可向上翻起。具有质轻、抗冲击、安装方便，可用于同宽度而不同长度的洞口之间防护。水平洞口防护颜色采用黄黑色，每段长250mm（油漆两度），斜向60度设置。
洞口

图 8-14　洞口防护（500mm 以下）

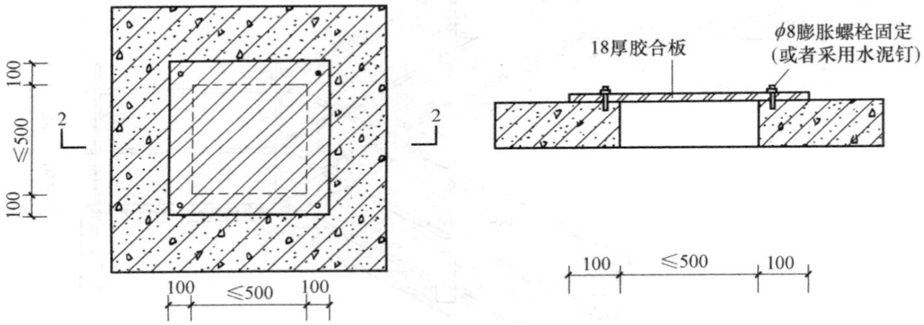

图 8-15　洞口防护（500mm 以下）示意图

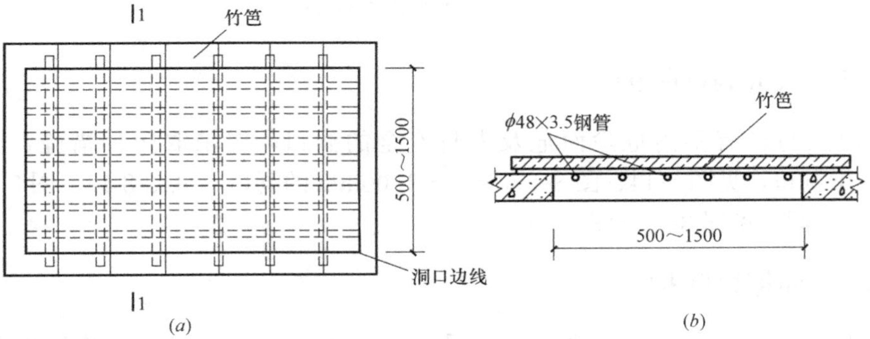

图 8-16　洞口防护（500～1500mm）示意图

（a）平面图；（b）1—1 剖面图

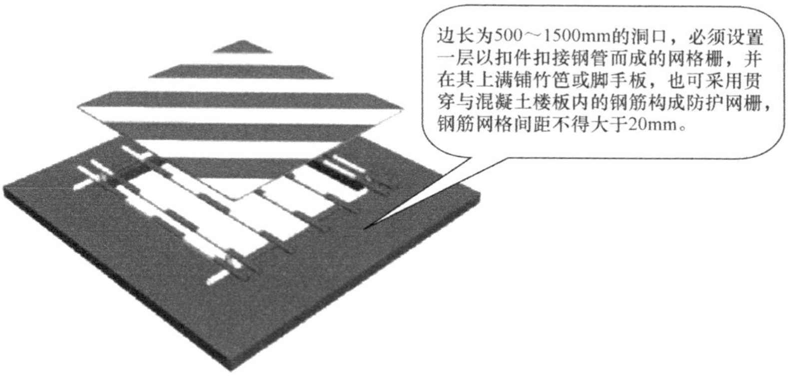

图 8-17 洞口防护（500～1500mm）效果图

图 8-18 洞口防护（大于1500mm）

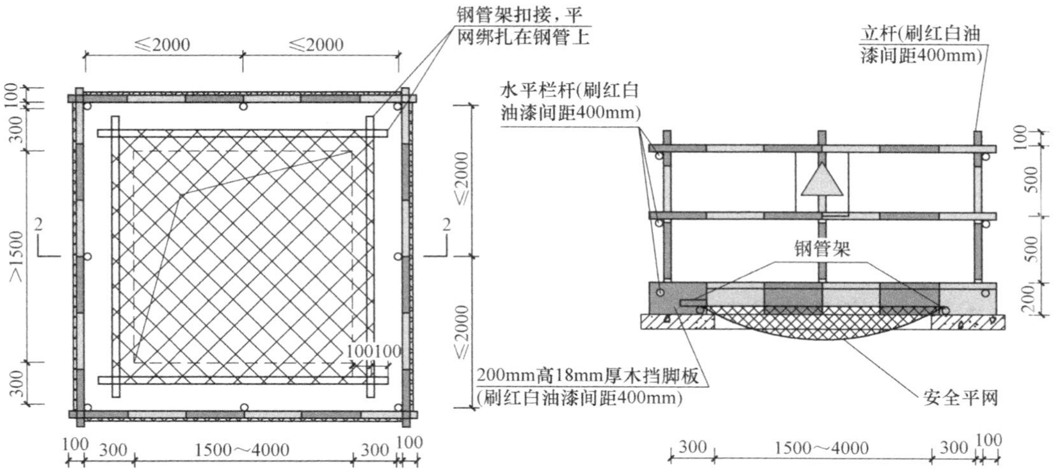

图 8-19 洞口防护（大于1500mm）示意图

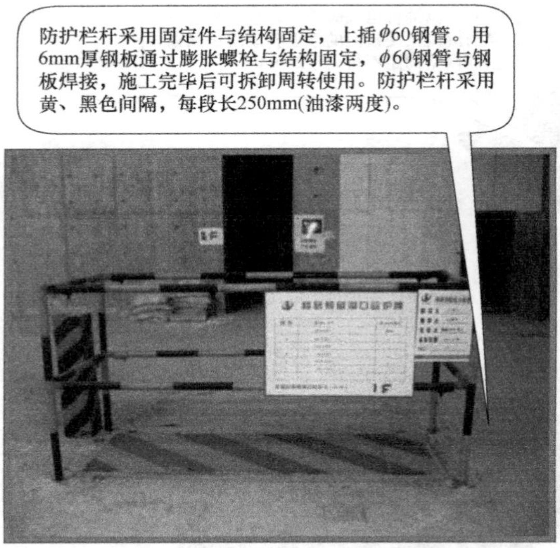
防护栏杆采用固定件与结构固定，上插ϕ60钢管。用6mm厚钢板通过膨胀螺栓与结构固定，ϕ60钢管与钢板焊接，施工完毕后可拆卸周转使用。防护栏杆采用黄、黑色间隔，每段长250mm(油漆两度)。

图 8-20　洞口防护（定型化）

建筑物的出入口处应搭设长3～6m、宽于出入通道两侧各1m的防护棚，棚顶应满铺双层不小于50mm厚的脚手板，非出入口和通道两侧必须封闭严密。
安全通道
安全第一 预防为主
安全生产 共创和谐

图 8-21　通道口防护（一）

进出建筑物主体通道口应搭设防护棚。棚宽大于道口，两端各长出1m，进深尺寸应符合高处作业安全防护范围。场内(外)道路边线与建筑物(或外脚手架)边缘距离分别小于坠落半径的，应搭设安全通道。安全通道应采用双层保护方式，当采用脚手片时，层间距600mm，铺设方向应互相垂直。通道应有单独的支撑体系，固定可靠安全。严禁用毛竹搭设，且不得悬挑在外架上。
安全通道
珍惜生命勿忘安全
安全通道外观及内景

图 8-22　通道口防护（二）

8.4.5　电梯井操作架

电梯井操作架及后续防护方式，均应编制专项安全施工方案，一般主体结构施工期间，在墙内预留 180×180 方孔，采用 2 根 16 号工字钢作为操作架支撑。分段搭设分段悬挑，架体高度不大于 20m，步距不大于 1.6m。在施工层张挂水平网，施工层以下每隔两层且不大于 10m 设置一道水平防护。见图 8-26。

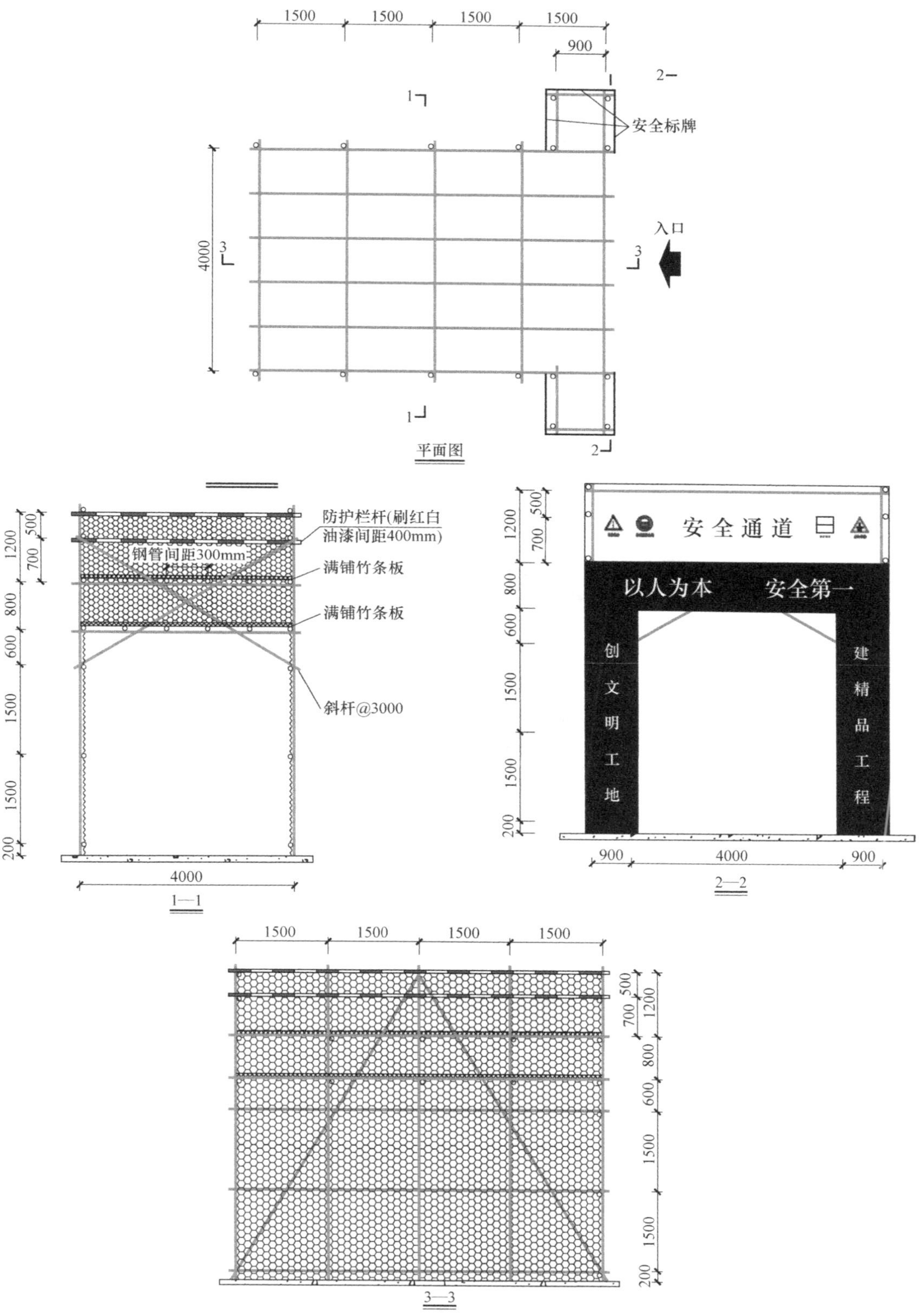

图 8-23 安全通道示意图

安全通道采用多功能组合钢构架搭设而成，立柱与地面采用4个M16膨胀螺丝固定，纵向桁架每端与立柱用两个十字扣件连接，横向每拐角部加设斜撑，立杆部位面混凝土强度达到设计要求及表面平整。该产品立杆、桁架均用黄色，通道两侧隔离采用中天蓝隔栅、绿色钢丝网片等。

图 8-24　定型化安全通道

安全通道
当高度小于6m时，宜采用一字型斜道，当高度大于6m时，采用之字型斜道。人行斜道的宽度不小于1m，坡度1:3，运料斜道宽度1.5m，坡度1:6。斜道两侧及平台周围应设置栏杆和挡脚板。斜道上的脚手板应每隔30cm设置一道防滑条，木条厚度为3cm。

图 8-25　上人斜道图

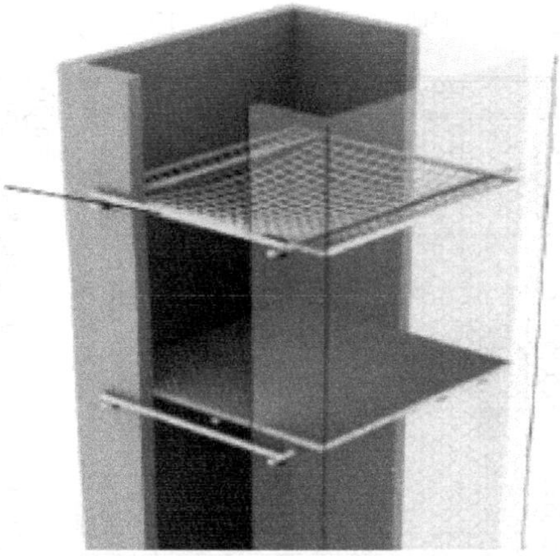

图 8-26　电梯井操作架里面示意图

8.5 临边防护的安全文明施工

应符合下列规定：

8.5.1 基坑临边防护要求

防护栏杆的设置、高度，警示标记，见图 8-27、图 8-28，挡水墙设置，堆物要求，见图 8-29，排水措施，防护应用，见图 8-30～图 8-32。

基坑周边设防护栏杆，栏杆高度1.2m，设三道水平杆，立杆间距2m，刷红白相间漆，并封挂密目安全网。危险处，夜间应设红色标志灯。

图 8-27 基坑临边防护（一）

图 8-28 基坑临边防护（二）

图 8-29　基坑临边防护（三）

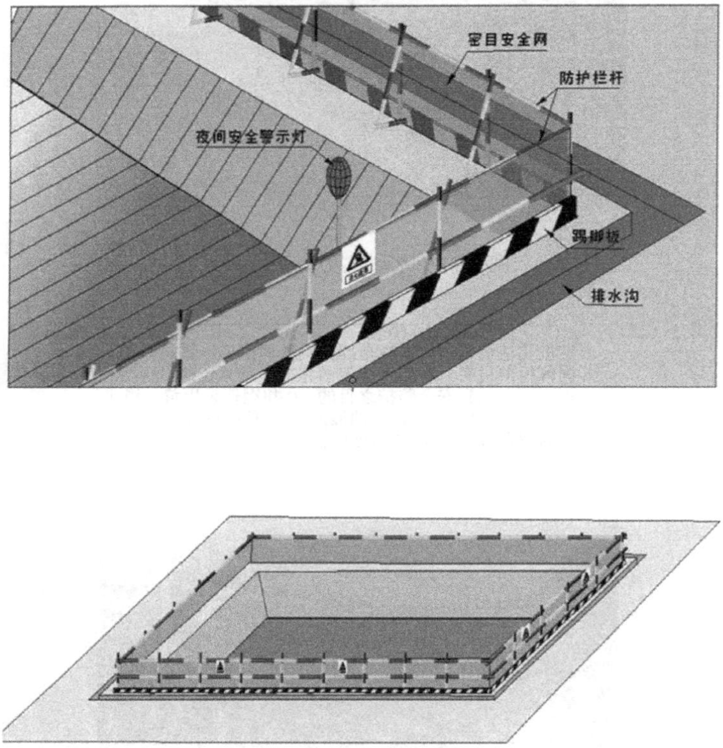

图 8-30　基坑临边防护（四）

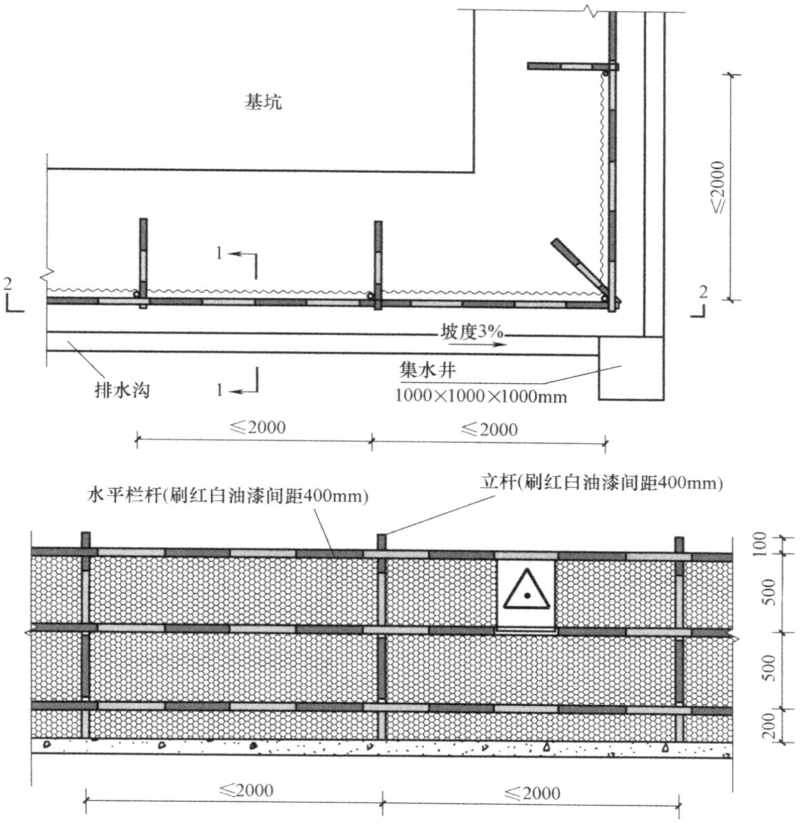

图 8-31 基坑临边防护（五）

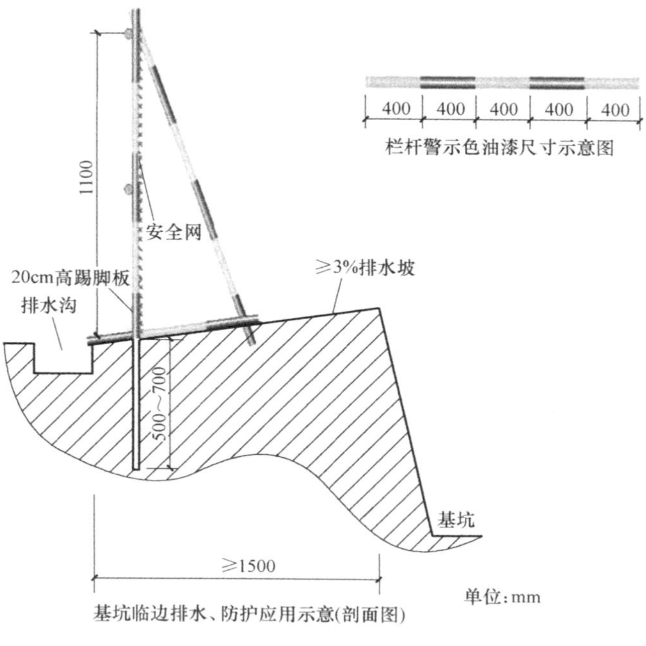

图 8-32 基坑临边防护（六）

8.5.2 屋面、框架楼层、阳台周边防护

设两至三道防护栏杆，栏杆高度立杆间距符合规范要求，见图 8-33～图 8-36。

屋面、框架楼层临边及剪力墙楼层落地式阳台的四周，无围护结构时，必须设两至三道防护栏杆，栏杆高度不低于1.2m，立杆间距1.5m。

图 8-33 屋面、楼层、阳台临边防护

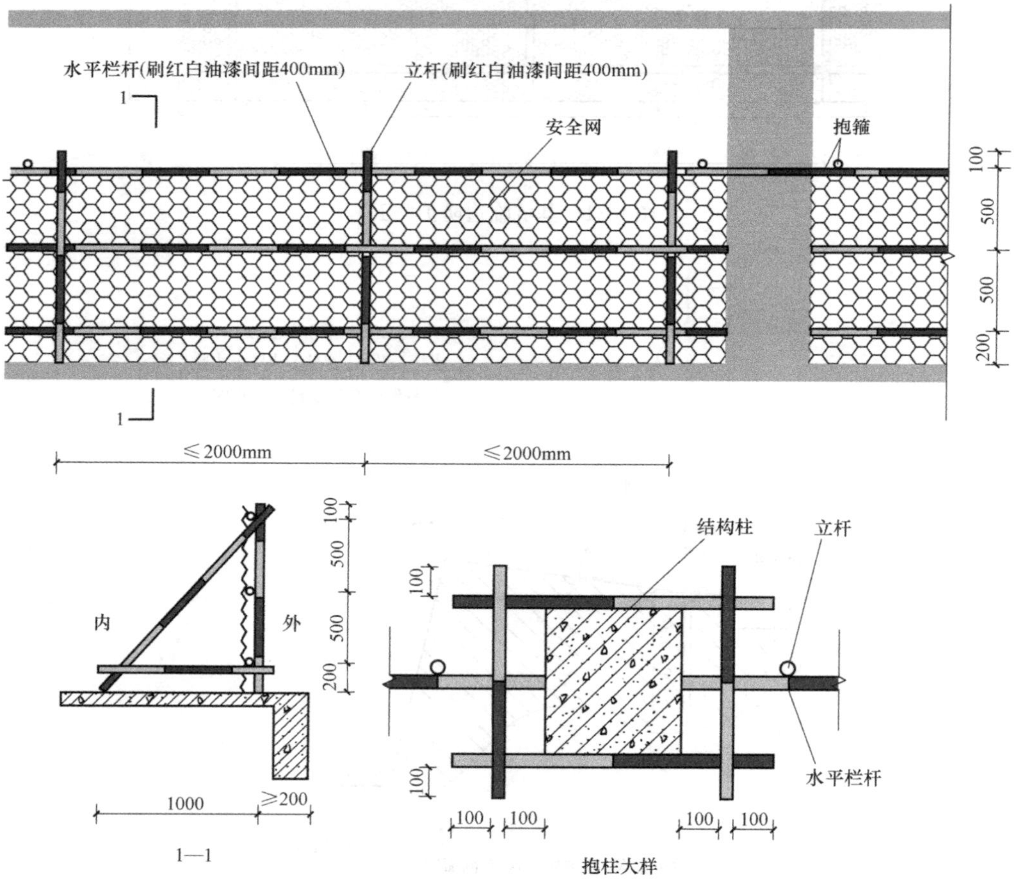

图 8-34 楼层临边防护示意

定型化楼层临边防护栏杆：结构简洁，使用方便，美观大方，质量安全可靠，可重复使用。

图 8-35　楼层定型化临边防护

图 8-36　楼层、阳台临边防护实景图

8.5.3　卸料平台侧边防护

楼层高度较低可采用落地式卸料平台，楼层高度较高时可采用悬挑式卸料平台。卸料平台构造必须通过计算确定，护栏高度、挡脚板设置符合规范要求，见图 8-37～图 8-40。

图 8-37　落地式卸料平台防护

图 8-38　悬挑式卸料平台防护

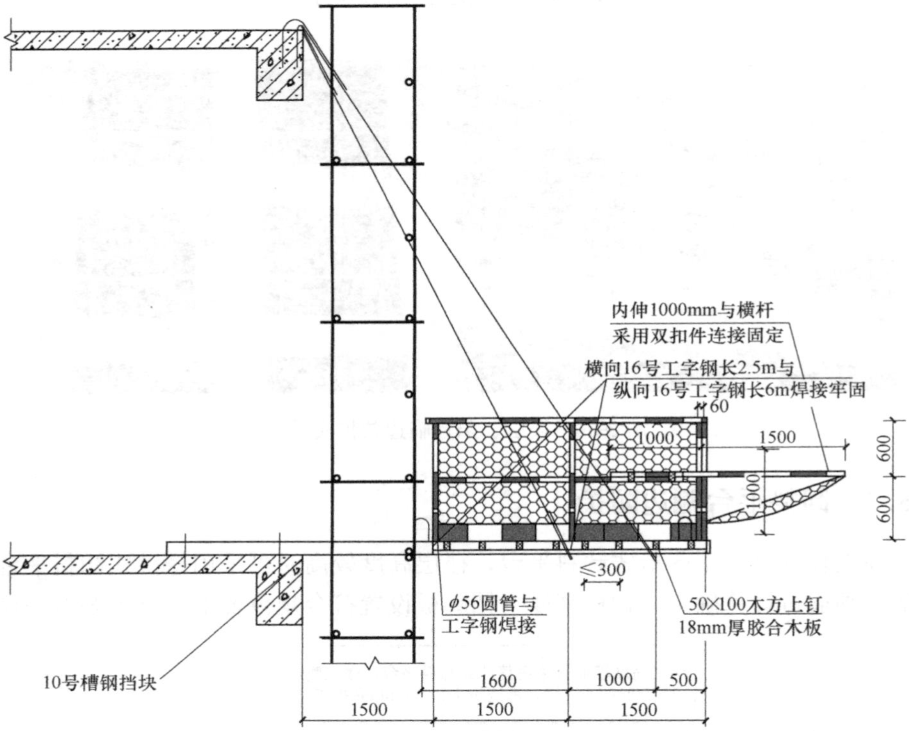

图 8-39　卸料平台示意图

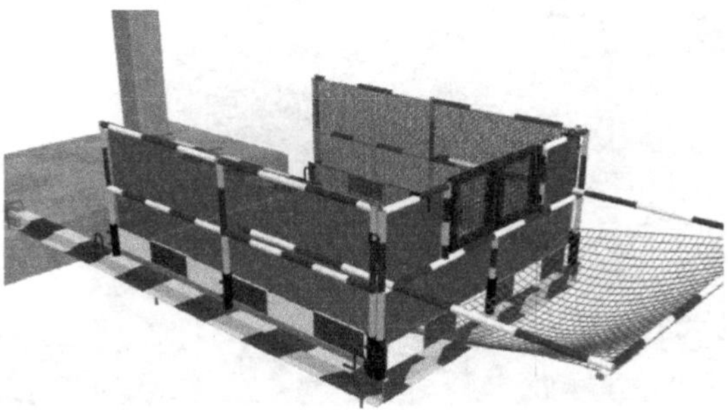

图 8-40　卸料平台效果图

8.5.4 人行道防护

上人马道、斜道两侧护栏高度，挡脚板高度应符合规范要求，见图 8-41、图 8-42。

上人马道、斜道两侧应设护栏，高度不低于1.2m，密目网封闭，设200mm高挡脚板，护栏及挡脚板刷红白相间油漆。

图 8-41 上人马道防护

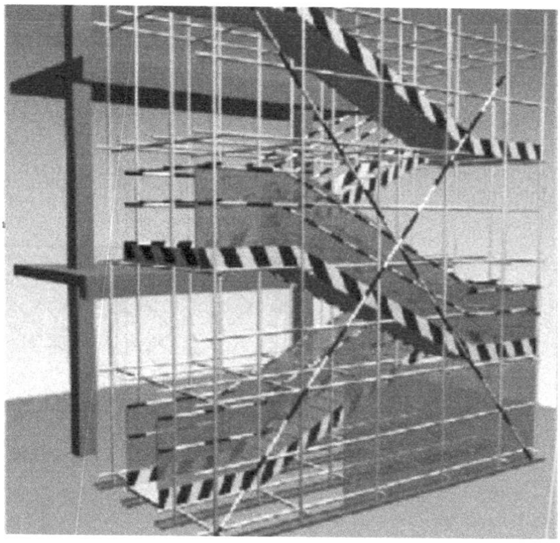

图 8-42 人行道防护效果示意图

8.6 塔吊使用安全要求

塔吊投入使用前需经过安全监督部门验收，并按安全操作规程使用，见图 8-43，塔吊附墙操作平台符合设计要求，见图 8-44、图 8-45。

塔吊使用前应经过安全监督部门验收，塔身上应悬挂塔吊标示牌，注明塔机型号、臂长、吊重、功率等性能数据，塔吊应设专职信号工，严格执行“十不吊”规定。

图 8-43 塔吊使用安全要求

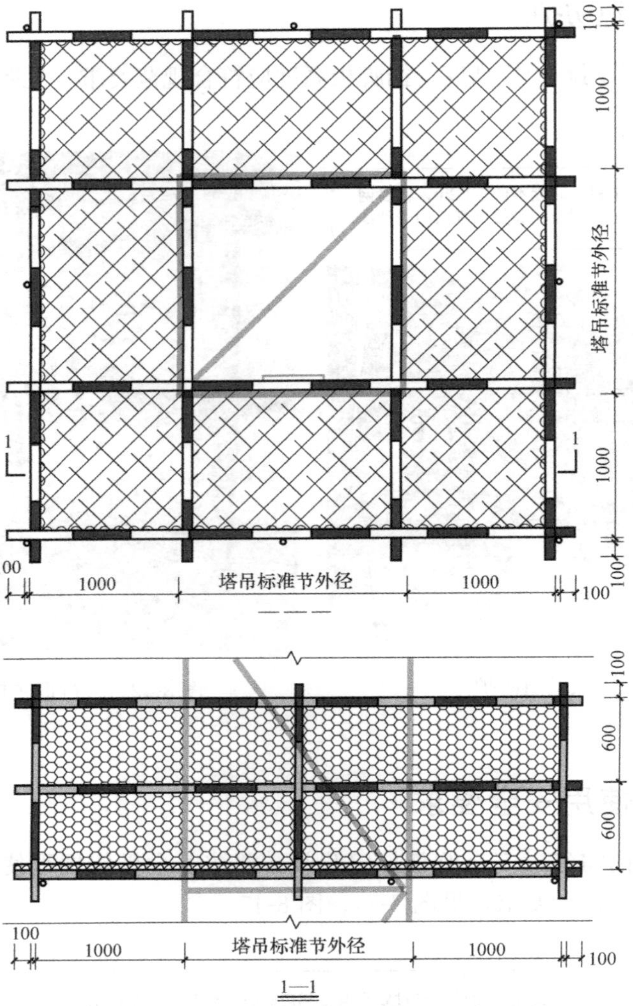

图 8-44　塔吊附墙操作平台示意图

图 8-45　塔吊附墙操作平台效果图

8.7 施工升降机安全要求

（1）施工升降机验收牌见图 8-46。

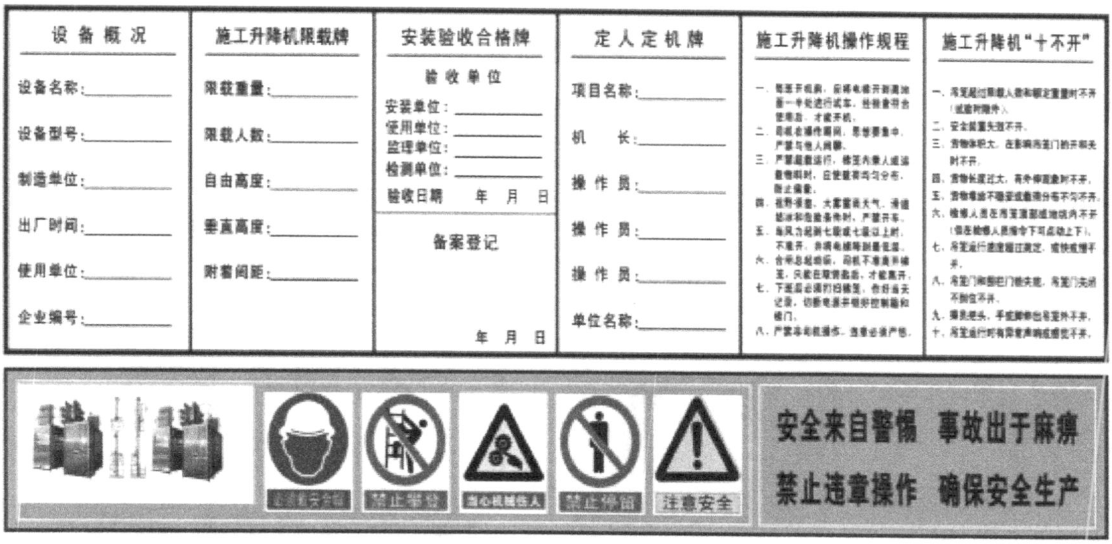

图 8-46 施工升降机验收牌

（2）施工升降机安全装置

防坠安全器有效使用期 5 年，不管使用与否应送原单位每年一次进行年检，只有年检有效期内方可使用。见图 8-47。

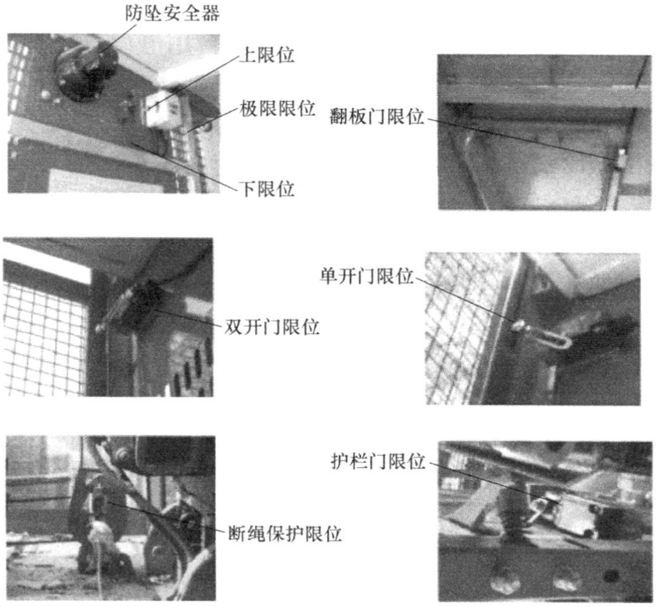

图 8-47 施工升降机着重检查位置

8.8　施工现场临电设施要求

8.8.1　配电箱防护

应有防雨措施、封闭上锁措施，并有警示标语和危险标志，喷写配电箱分类编号，周围 2m 内不得堆放杂物。见图 8-48、图 8-49。

图 8-48　配电箱防护

图 8-49　配电箱防护效果图

8.8.2　分级配电

施工现场临时用电采用三级配电，两级保护。每台用电设备应有各自专用的开关箱，见图 8-50、图 8-51。

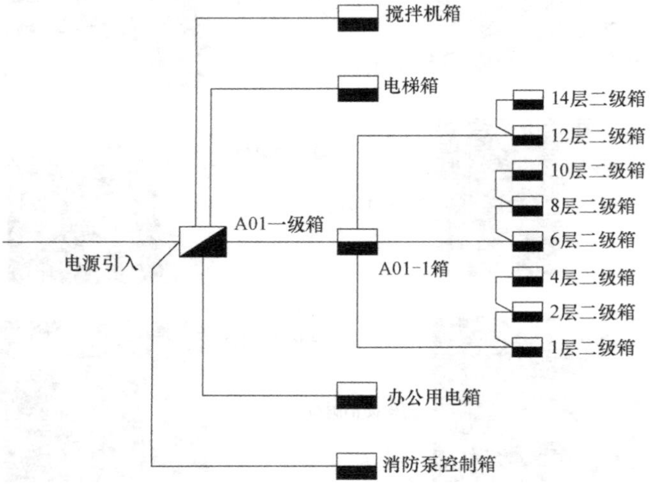

图 8-50　分级配电示意图

8.8.3 低压照明

潮湿的作业环境，照明电源电压应不大于 36V，在特别潮湿等作业环境，电源不得大于 12V。见图 8-52。

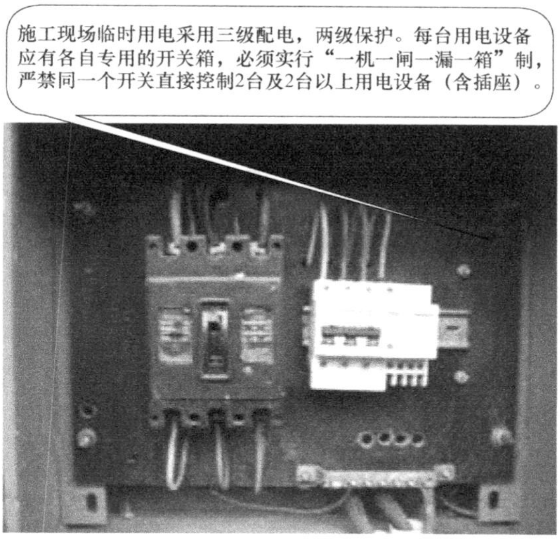
施工现场临时用电采用三级配电，两级保护。每台用电设备应有各自专用的开关箱，必须实行“一机一闸一漏一箱”制，严禁同一个开关直接控制2台及2台以上用电设备（含插座）。

图 8-51 分级配电图

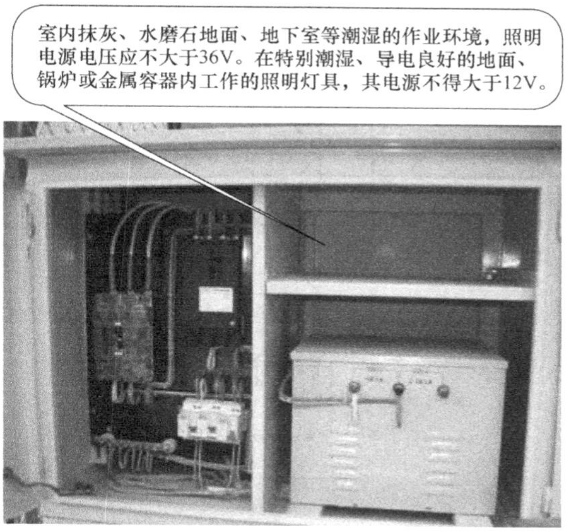
室内抹灰、水磨石地面、地下室等潮湿的作业环境，照明电源电压应不大于36V。在特别潮湿、导电良好的地面、锅炉或金属容器内工作的照明灯具，其电源不得大于12V。

图 8-52 低压照明

8.9 大门形象

施工现场采用防锈铁花大门或封闭式大门，大门应做到美观、大方，门头有企业标志，大门侧应设置供人员进出的专用通道（配刷卡机、摄像头、通道栏杆）及门卫室，无车辆出入时，大门应关闭，见图 8-53～图 8-55。

XXXXXX工程公司
创精品工程
树企业形象
安全为天
大门出入口必须设置可靠固定大门和门柱，大门和门柱应牢固美观，门柱高度不得低于2.8m，大门两侧柱上有宣传标词，大门上应标有企业标识，门卫应统一着装，穿戴整齐。可在出入口左右侧设置八牌一图。

图 8-53 大门形象

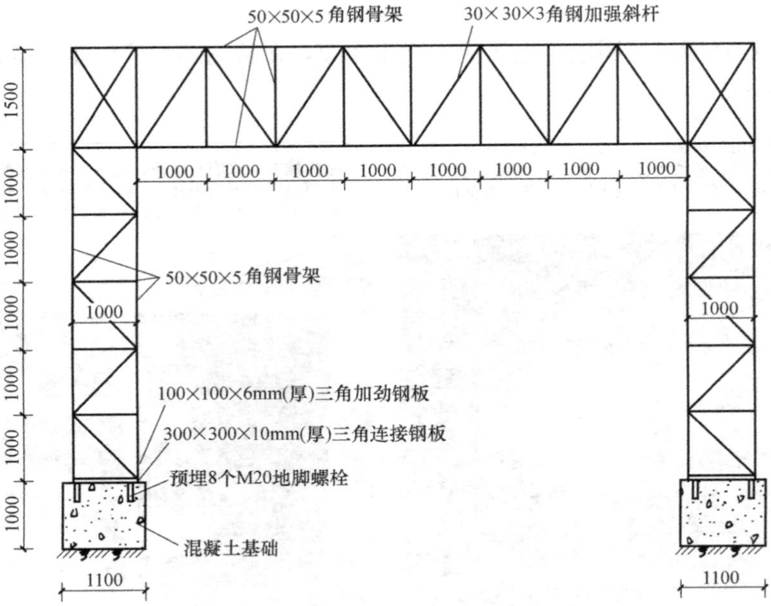

图 8-54　大门节点图

图 8-55　专用通道

8.10　围墙

工地必须沿四周连续设置封闭围墙，提倡使用金属结构围墙和植物围墙等绿色环保围墙，做到兼顾、稳定、整洁和美观。大门侧的围墙显要处应设置八牌一图。围墙周边应设降尘或冲洗用水管、水头，见图 8-56～图 8-58。

图 8-56　围墙形象

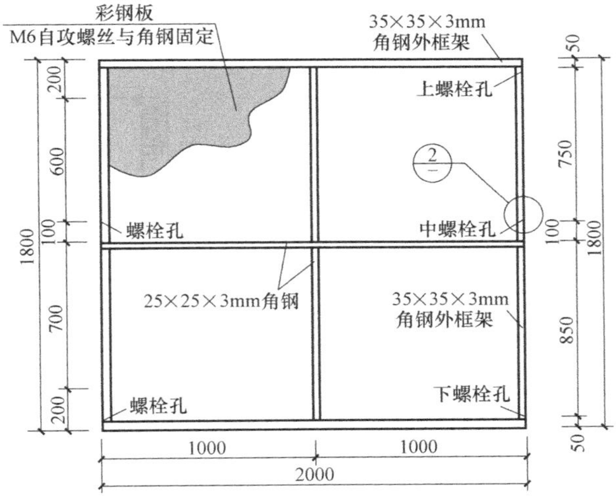

图 8-57　围墙示意图

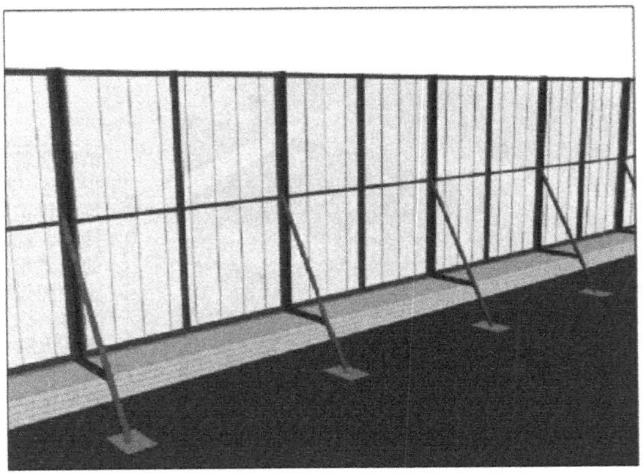

图 8-58　围墙效果图

8.11 消防保卫

现场消防物资摆放有序，安全合理，氧气乙炔分开放置，保证距离，并采取封闭、防砸、防摔措施，见图 8-59。消防器材配备符合规范要求见图 8-60。楼层消防设施设置符合规范要求，见图 8-61、图 8-62。

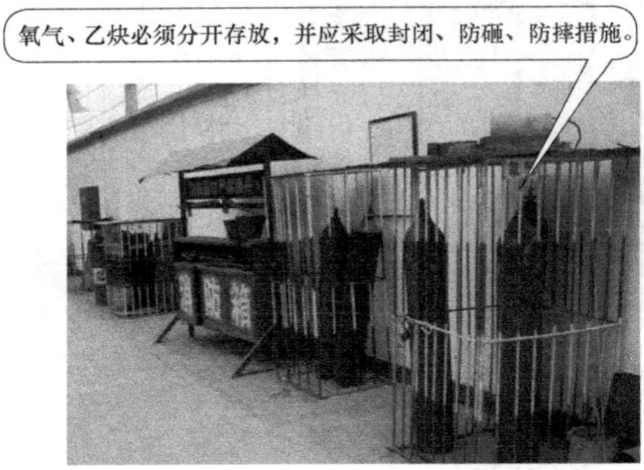
氧气、乙炔必须分开存放，并应采取封闭、防砸、防摔措施。

图 8-59 氧气、乙炔放置示意图

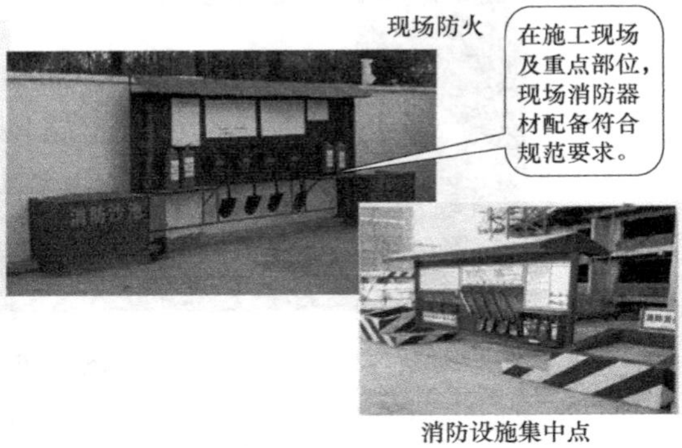
现场防火
在施工现场及重点部位，现场消防器材配备符合规范要求。
消防设施集中点

图 8-60 消防器材配备

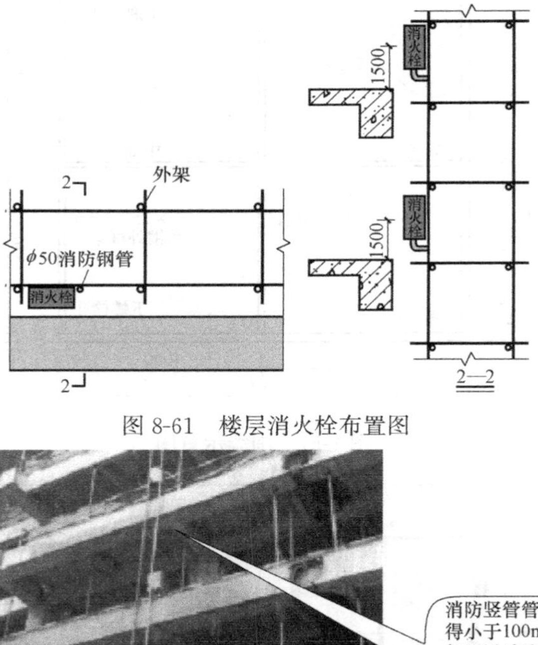

图 8-61 楼层消火栓布置图

消防竖管管径不得小于100mm，每层设消防竖管接口，配备足够的水龙带。消防竖管应设水泵接合器，满足施工现场火灾扑救的消防供水要求。冬期施工期间，临时消防给水系统应采取防冻措施。

图 8-62 楼层消火栓实景图

8.12 生活办公区设置

生活办公区应设置在施工现场安全地带。可采用砌体或钢结构装配式活动房，搭设应安全牢固，符合房屋防火安全规范，会议室宜设置在底层，见图 8-63、图 8-64。

办公区采用统一标准，美观坚固，色调统一，力求紧凑节约场地，各办公室要求功能明确，布局合理，有利于管理。

图 8-63 办公区设置图

生活办公区要硬化，有合理的排水措施，应采取围墙将管理人员办公生活区与劳务人员生活区隔开，临时建筑的消防、卫生，符合有关部门的规定。

图 8-64 生活区、办公区布置图

8.13 吸烟室、茶水亭设置

为避免流动吸烟和解决施工人员的饮水问题，施工现场搭设吸烟室和茶水亭，见图 8-65，为加强施工作业人员的安全生产意识，切实维护好职工的人身安全，施工现场设置了安全教育大讲堂，见图 8-66。

图 8-65 吸烟室茶水亭设置

图 8-66　安全教育大讲堂设置

8.14　宿舍

宿舍选址应符合安全要求。可采用砖砌体（内外墙面抹灰刷白），提倡采用具备产品合格证且符合防火要求的钢构件装配式活动房，地面应采用混凝土硬化或贴地砖。室内高度不应低于 2.4m，前后墙必须设置可开启式窗户。每间宿舍设置智能限电装置。宿舍门口应挂有宿舍管理制度，门上贴上宿舍编号、责任人、成员。男女不混住，不能有通铺，同时应单独加设夫妻房，见图 8-67。

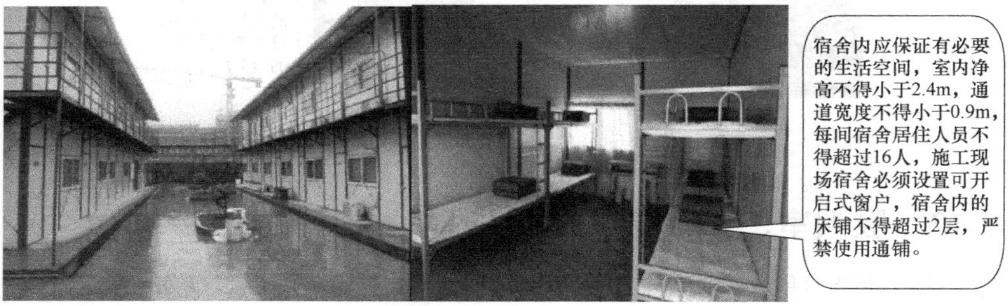
宿舍内应保证有必要的生活空间，室内净高不得小于2.4m，通道宽度不得小于0.9m，每间宿舍居住人员不得超过16人，施工现场宿舍必须设置可开启式窗户，宿舍内的床铺不得超过2层，严禁使用通铺。

图 8-67　宿舍实景图

8.15　厨房设置

食堂搭设材料必须符合环保和消防要求。墙壁及屋顶应封闭，设置纱门和纱窗，木门下端应安装金属防鼠板。灶台、操作台及周边墙面 1.8m 以下应贴瓷砖，地面应采用混凝土硬化或贴地砖，应配备必要的排风设施、消毒设施和密闭式泔水桶。食堂制作间、售卖间和储藏间应分隔设置，操作间的下水管道应与污水管线连接。食堂应建立食堂卫生管理制度，具备餐饮服务许可证，炊事人员应有健康证，见图 8-68、图 8-69。

食堂应必须达到卫生标准，并办理、张贴《卫生许可证》和炊事人员《健康证》，食堂卫生制度上墙。食堂距离卫生间、垃圾点等污染源不得小于30M。装修食堂所用建筑材料必须符合环保、消防要求。必须设置独立的制作间、库房和燃气罐存放间。制作间灶台及其周边应贴瓷砖，地面硬化，保持墙面、地面干净。制作间必须有生熟分开的刀、盆、案板等炊具及存放柜。必须设置隔油池和密闭式泔水桶。应配备必要的排风设施和消毒设施。

图 8-68　食堂设置

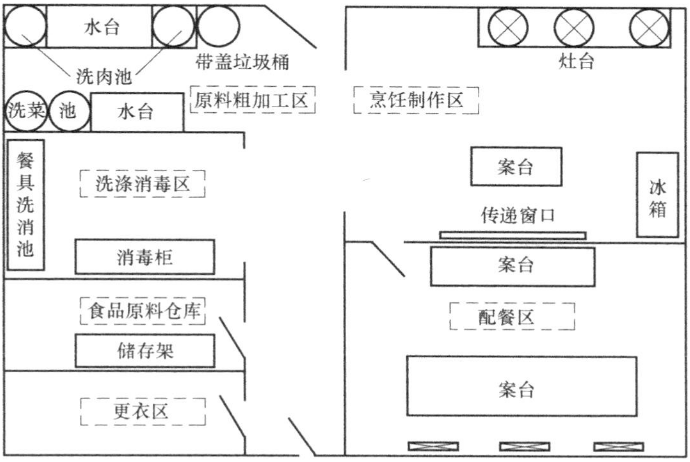

图 8-69　食堂平面示意图

8.16 厕所设置

厕所应为水冲式厕所，男女分设，进出口设明显标志。厕所内墙面 1.8m 以下应贴瓷砖，地面应采用混凝土硬化或贴地砖，通风良好并配备照明设施。蹲位数量不小于施工人

施工现场与生活区、办公区应设置水冲式卫生间。蹲位应满足使用需要，蹲位与人员比例为1:25。蹲位之间设置高1.2M的隔断。卫生间卫生制度上墙。应安排专人管理，及时清扫、喷洒药物消毒。与污水管线连接，保证排水通畅。

图 8-70　厕所设置

数的 1/25，蹲位之间应有隔板，见图 8-70、图 8-71。

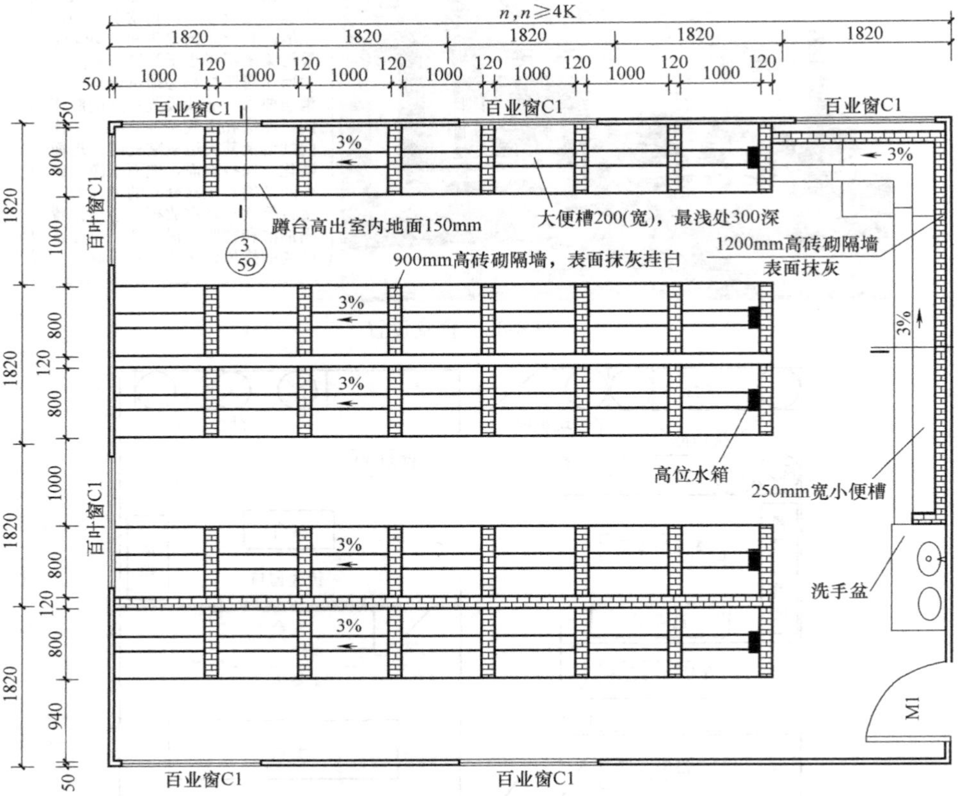

图 8-71　厕所示意图

8.17　浴室设置

工地应设置浴室，浴室地面硬化防滑，浴室内墙 1.8m 以下应贴 150×150 瓷砖，以上涂刷白色防水乳胶漆。浴室应保证冷热水供应，排水、通风良好。见图 8-72。

图 8-72　浴室设置

9 绿色施工

9.1 环境保护

要求施工现场出入口必须设置洗车池，对驶出车辆进行冲洗，防止扬尘，保护环境卫生，运输车辆不超载，并覆盖严密，严防遗洒。密闭垃圾运输车、混凝土罐车、货物运输车辆每天保持车辆表面清洁，装料至货箱盖底并限制超载，车辆卸料溜槽处装设防遗撒的活动挡板等。见图 9-1～图 9-4。

图 9-1 洒水

图 9-2 裸土覆盖

图 9-3 渣土车封闭

图 9-4 固定雾炮车

9.2 节水措施

采用雨水、基坑降水收集和自动加压系统供水，见图 9-5～图 9-7。施工生产区、办公生活区分别安装独立水表计量，定期记录分析，将用水量控制目标细化，以功能区控制用水量使用。见图 9-8。

将可回收水有组织收集至蓄水池兼三级沉淀池，保证可回收水的使用是经过三级沉淀处理后的中水，可回收水主要来自：现场大面积基坑降水收集，现场场地雨水收集，地下室雨水及后浇带渗漏水，屋面雨水收集，部分施工用水的排水收集。

图 9-5　雨水、基坑降水收集

项目用水分开设置，生活用水采用市政直接供给，施工用水采用现场可回收水与市政用水共同供给，当可回收水量不能满足现场施工用水时，市政用水通过浮球阀自动补给，互为备用，以保证现场用水安全不间断。

图 9-6　自动加压系统供水

收集用水主要用于车辆冲洗、喷洒路面、绿化浇灌、冲洗厕所、混凝土养护等用水，尽量不使用市政自来水。

图 9-7　收集水的用处

设置雨水回收系统、生活用水（洗衣、洗澡）汇集于四级沉淀池，沉淀池最后一格设置过滤网和时空水泵，定期抽水至厕所水箱。见图 9-9。

图 9-8　生活生产用水分离计量

图 9-9　非传统用水回收利用

9.3 节材措施

废旧材料利用，材料集中堆放，定型化应用，见图 9-10～图 9-12。优化钢筋配料方案，利用废料制作马凳，支撑等。充分利用现场废旧模板、木枋，用于楼层洞口硬质封闭、钢管爬梯踏步铺设，多余废料由专业回收单位回收。见图 9-13。

利用旧模板作为楼内预留孔洞封堵和框架柱、楼梯踏步阳角保护条。

图 9-10 废旧材料利用

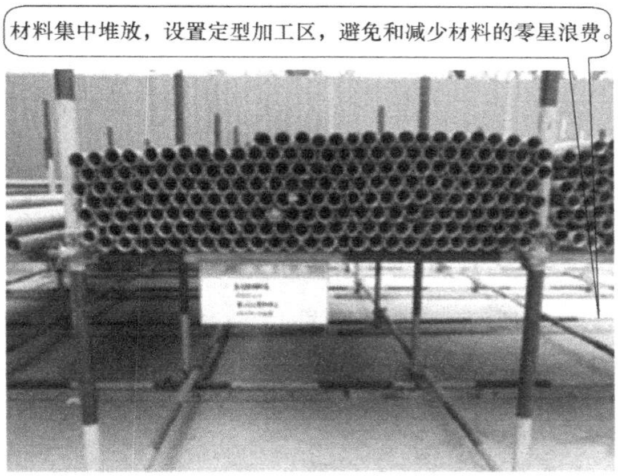

图 9-11 材料集中堆放

钢筋加工区
定型化的应用达到美观效果，还可以重复利用，达到节省材料的目的。

图 9-12 定型化应用

图 9-13　废钢筋利用

9.4　节能措施

生活区、办公区推广节能灯，宿舍区采用低压供电及低压充电插座，见图 9-14、图 9-15，宿舍空调专线控制及使用措施见图 9-16。

办公区、生活区照明采用节能灯，施工现场提高节能灯使用率，节能灯代替白炽灯，以达到节约用电的目的。

图 9-14　节能灯的推广

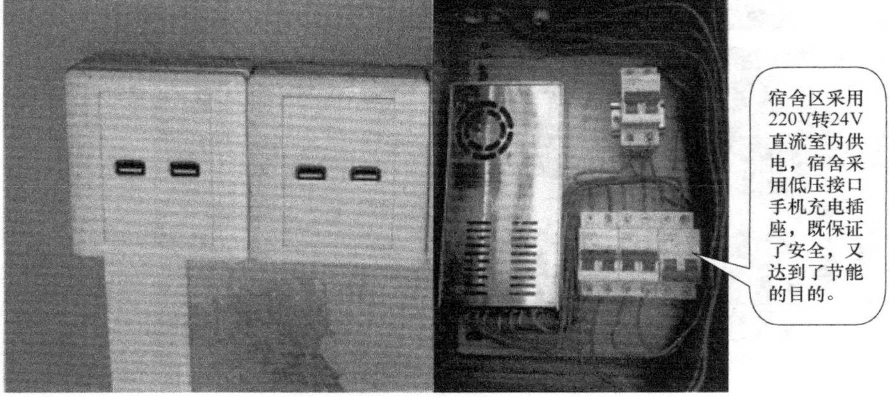
宿舍区采用220V转24V直流室内供电，宿舍采用低压接口手机充电插座，既保证了安全，又达到了节能的目的。

图 9-15　低压供电及低压充电插座应用

图 9-16 宿舍空调专线控制

变频技术应用于塔式起重机、施工电梯的电机控制，利用变频器拖住三相异步电机的控制方式，取代传统调速方式，延长传动件的寿命，提高钢丝绳寿命，同时提高了安全性。见图 9-17。

热水器应用技术：本产品为商业产品，主要应用于现场生活区热水供应，高效制热，节约用电。见图 9-18。

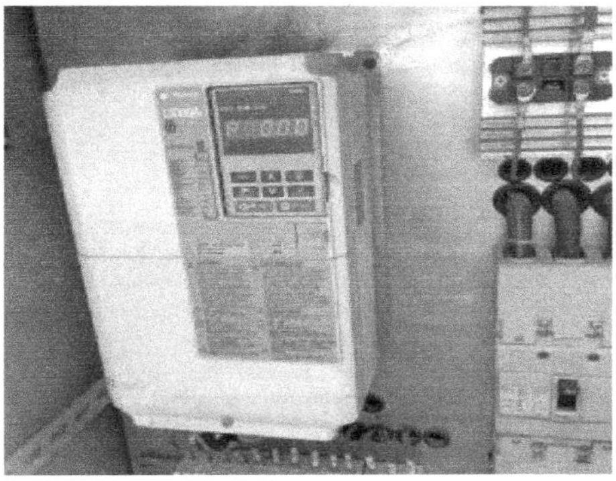

图 9-17 变频塔吊、电梯应用技术

图 9-18 热水器应用

9.5 节地及施工用地保护措施

（1）施工现场平面动态管理技术

按照施工进度及各分包的场地需求计划，对施工现场的道路交通、材料堆场做出合理的规划布置，动态调整，解决了现场堆场分配不合理、材料堆码凌乱等问题，使土地资源得到最大的利用。

（2）施工用地保护

根据施工总平面布置，对生活区、生产区和堆场周边规划绿地等区域不需要硬化的场地，采取种植、移栽等方式进行绿化处理，营造花园式工作环境的同时，保护用地。

《房建施工实战系列课程》

《房建施工实战系列课程》针对施工一线人员和高级管理人员的职业特点和工作需要，选取施工人员日常必备的职业技能进行讲解，内容来自一线，接近实战。

本视频系列课程一共包含 47 门独立课程和 9 个课程套餐，既可以单独购买，又可以根据自己工作需要以较低的价格成套购买。每个课程都提供了一段免费课程内容让大家观看，以便了解该课程内容。

读者可访问 www. cabplink. com 观看或购买本视频课程(路径如右图)。现在购买视频,可以赠送中国建筑工业出版社出版的施工类图书。

读者还可扫描建工社视频课程二维码观看并购买本视频课程(路径如下)。

建工社视频课程